建筑数字化技术应用系列丛书

U0185874

BIM
从入门到精通

Revit基础教程

黄 微　张 鸿 / 编著

62oBOh1566694354762690562

扫描此二维码
兑换电子资源

扫描此二维码
查看电子资源

西南大学出版社

国家一级出版社 全国百佳图书出版单位

图书在版编目（CIP）数据

BIM从入门到精通 / 黄微, 张鸿编著. — 重庆：西南大学出版社, 2022.8
ISBN 978-7-5697-1595-8

Ⅰ. ①B… Ⅱ. ①黄… ②张… Ⅲ. ①建筑设计—计算机辅助设计—应用软件 Ⅳ. ①TU201.4

中国版本图书馆CIP数据核字(2022)第145887号

BIM从入门到精通
BIM CONG RUMEN DAO JINGTONG

黄微　张鸿 编著

责任编辑 | 张浩宇
装帧设计 | 闽江文化
排　　版 | 吴秀琴
出版发行 | 西南大学出版社（原西南师范大学出版社）
网　　址 | www.xdcbs.com
地　　址 | 重庆市北碚区天生路2号
邮　　编 | 400715
电　　话 | 023-68254353
经　　销 | 全国新华书店
印　　刷 | 重庆俊蒲印务有限公司
幅面尺寸 | 170 mm × 240 mm
印　　张 | 10.75
字　　数 | 140千
版　　次 | 2022年8月 第1版
印　　次 | 2022年8月 第1次印刷
书　　号 | ISBN 978-7-5697-1595-8
定　　价 | 68.00元

前言

　　随着计算机技术的发展,继手工设计绘图和二维计算机辅助设计制图之后,产生了第三代新型数据模型设计技术,即 BIM(Building Information Modeling)技术。BIM 技术是一种应用于工程设计、建造、管理的数据化工具,其特点是将对象从设计之初就开始"数字化""信息化"和"模型化",为之后的深化设计、模拟建造以及使用维护创建一个存在于虚拟环境的数字模型。

　　本书是建筑数字化技术应用系列丛书中的第一本,全书由浅入深紧扣现代建筑技术的发展方向,以 BIM 技术常用的 Revit 软件为例,通过理论讲解、案例实践还原建筑施工全过程,以 BIM 技术入门为目标,遵循夯实基础、即学即用与适应大多数的原则,提炼出一套从真实的项目实施过程中摸索出来的快速学习方法,通过整合教学视频、实际案例源文件等数字资源,进一步提升读者的动手能力,使其从对数字建模一无所知的初学者迅速成长为能熟练运用 Revit 软件的 BIM 技术掌握者。

　　本书有以下三大特色:

　　1. 内容由浅入深,循序渐进,遵循学习规律,简单易学

　　全书共 18 章,从 BIM 理论知识、Revit 功能界面及基础理论开始讲解,从墙的创建开始到完成整个建筑的建模,从结构设计、建筑设计到

绘图出图,循序渐进还原建筑物施工的全过程。

2.配有翔实的讲解视频,读者可以随时扫码观看视频,获得优异的学习体验

本书配有上百个微视频讲解,读者可以通过扫描二维码随时观看案例视频;同时还提供实例的源文件和项目图纸,可以随时调用源文件进行对比学习,学习体验更好。

3.实际案例教学,边学边做,实际操作,高效学习

通过实际案例教学,从常用编辑操作到创建构件,详细讲解墙、楼板、柱、梁、坡屋顶、楼梯等创建过程。自第三章起,每一章设置有实践作业,在第十章设置有延展作业和大作业用以检验中期学习成果,通过案例讲解、习题巩固从而实现高效学习。

4.丰富的配套资源

本书配备了立体化教学资源,可为读者提供线上与线下混合式学习,包括线上教学视频、案例源文件、图纸素材库等。

包括:教学视频文件,RVT项目文件,DWG电子图纸文件等。

本书可作为应用技术型高校或培训机构的建筑数字化教材,也可作为BIM技术初学者的自学教程,同时也可供房地产开发、建筑施工、工程造价和建筑表现等相关从业人员阅读。

本书由黄微、张鸿编著,重庆人文科技学院BIM智慧科研实训室曾建淋、包崇铃、吴铭等学生组员参加了部分文稿的编写校对工作。

本书是智能人居环境研发中心的实践应用成果,也是重庆市教委社科课题"基于BIM技术的重庆市北碚区抗战文化遗址保护研究"及重庆市教委教改课题"新工科背景下BIM技术与园林专业课程深度融合的实践探索"的科研、教改成果。

编者于BIM智慧科研实训室

目录
CONTENTS

第一章

BIM 的介绍

本章简介

　　BIM 是 Building Information Modeling 的英文缩写,译为建筑信息化模型。本章介绍了 BIM 的概念及相关理论知识,讲解了 BIM 在建筑领域的应用,指出 BIM 的特点是协同和数字化,最后从 BIM 的应用谈起,详细讲解了 BIM 多款软件的应用特点。

1.1 什么是BIM

　　BIM 是 Building Information Modeling 的英文缩写，译为泛建筑信息化模型。

　　BIM 是一种技术，而不是某个软件或者应用。事实上对于建筑的 BIM 应用来说，也不是某一个软件或者应用就可以完成的，通常是建模软件、图形输出软件与专业应用软件综合应用的结果。

　　换句话说，软件并不是 BIM，从软件角度说 3D、SU 以及基于 CAD 的天正建筑等其他建筑建模软件都可以应用于 BIM 技术中。只不过我们现在使用的是更为先进并直接带有数据化功能的 Revit、广联达等专业软件而已。

图 1.1.1

　　BIM的应用领域是广泛的,不仅仅用于建筑领域,还被应用于规划、园林与环艺在内的全建筑相关领域。

1.2　BIM技术在建筑领域的应用

　　一个建设项目的成功实施其实是多个相关专业协同的结果,比如项目启动之初由设计师设计方案,然后工程师根据设计师的意图,绘制出指导施工的施工图纸,再之后建造师依照施工图纸照图施工,实施建设,最后项目落成,物管使用维护,这其中包含了大量的协同和信息交换的过程,传统的协同方式不但费时费力,还极易产生信息交流沟通上的失误,导致包括建设工期或者建设投资在内的各种损失。从软件应用的角度说,传统的3ds Max都仅能应用于方案的设计阶段,不能直接指导施工,而CAD多半应用于施工制图和建设实施环节,建造师和物管也不能使用CAD的二维图纸实施建造和运维的模拟,这些软件除了文件格式可以相互借用外本身相对独立,无论是建造师还是工程师或者物管多半是大家各用各的软件完成工作,传统的软件没有哪个可以全部覆盖这四个阶段。

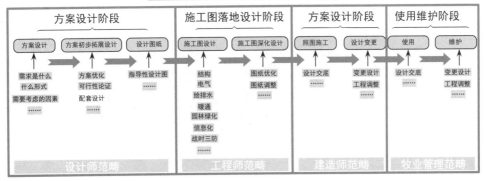

图 1.2.1

1.3 BIM 的特点

　　我们不难发现,在一个建设项目的全过程中,不但包含着大量的项目信息需要处理,且各个专业、工期、工段的协同也是一个极其费时费力的过程。事实上,BIM 这种技术形式就是在这样的条件背景下产生的,它包含了两个重要的构成部分,一是协同,二是信息化或者数字化。

图 1.3.1

1.3.1 BIM的协同

以 Revit 为例,对于外部,Revit 在模型建成后,就形成了一套开源的模式。一方面,各专业人员可以共享模型与数据,并从各自的专业出发,继续完善模型,为项目添加更为细致的数据;另一方面,当其中任何一个环节的数据产生变化时,其他环节的数据也会随之发生变化。

对于内部,Revit 实现了项目建模过程的联动协同,换句话说,当你在建模时,平面图、立面图都在随之变化;而不是像传统设计与施工设计那样各个图之间相对独立:你必须绘制完一份图之后再绘制下一份,一处设计产生变更后你必须修改很多张与之关联的图纸。

1.3.2 BIM的数字化

事实上,BIM 数字模型只存在于虚拟世界,不是我们通常所理解的"模型"的概念,因为它既看不见也摸不着,但 BIM 模型是一个在虚拟世界中完全建成的1∶1的实体模型,是将建设项目的所有要素,包括合同、造价甚至某个需要采购的螺丝钉的信息数字化的过程。因为其所包含信息的广度和深度,其不但可以进行施工过程的模拟、还可以与 AR、VR 以及 AI 相协同完成各类数据分析与模拟。例如我们用3D、SketchUP 这些软件建造出来的模型,只能被叫做"模型化"而不能被叫做"数字化",因为它除了简单的材质、尺寸这些信息外基本上不包含别的信息,SketchUP、3ds Max 在建模完成后,工程师和建造师是无法通过模型具体查阅到某个柱、某个梁的配筋数据和具体做法的。

1.4 BIM 软件的相关应用

BIM 在建筑方面的应用软件包可以分成三个层次。

图 1.4.1

第一层：目前我们最常用的 Revit，是美国 Autodesk 公司的产品，它几乎包括了建筑、结构、机电、给排水、暖通所有功能，是目前建筑行业主流的设计软件。还有匈牙利 Graphisoft 公司开发的 ArchiCAD 和运行于苹果环境的 VectorWorks。

第二层：在单纯数字模型建设的基础上添加了时间要素，通常用来做一些模拟，如项目的施工模拟等。例如我们熟知的 Lumion、还有国产软件品茗公司出品的 HiBIM、品茗场布软件和广联达场布软件等。

第三层：在以上基础上再添加上资金这个要素的软件，这类软件很少，比如国产软件广联达 BimMake、Bim5D 等。

1.5　本课程要学习的 BIM 软件

Revit2020：这是我们本课程主要学习的软件，也是目前建筑行业中普遍使用的 BIM 建模软件。

图 1.5.1

1.6 建议学习的其他软件

广联达 BimMake：该软件是我们的国产软件，本次课程中不会讲到，因其在我们国家建筑行业的实际生产中应用很广泛，所以建议研究。一方面是支持国产技术发展；另一方面，这个软件有别于西方软件，很贴合我们国内的建筑行业的特点，是一款专为国内建筑行业开发的BIM建模软件。

图 1.6.1

VectorWorks：这款软件可用于 MacOS 系统，其偏重的是建筑与结构方面的设计，与 Revit 相比它的对象是设计师，建模和出图都有不俗的表现。但由于其只支持苹果平台，所以不像Revit那么普及，对此感兴趣的同学可以研究一下。

各类渲染软件：前面说过 BIM 是一个数据模型，所以如果要实现可视化就必须依靠渲染软件的支持，这块知识我们也不会讲到，需要依靠大家自学，可使用 Lumion 和 Artlantis。Revit 虽然自带有渲染输出，但效果不如这类独立渲染器好。

第二章

Revit 功能界面与基础理论

本章简介

　　本章介绍了 Revit2020 软件的启动界面，介绍了启动文件的名称，讲解了 Revit 架构基础——"图元"概念，分解了"图元"的层级关系，最后详细介绍了 Revit2020 软件相关的基础知识。

2.1 Revit 2020 启动界面

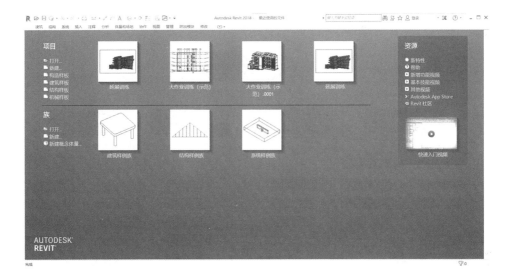

图 2.1.1

启动Revit时会出现以下几种文件。

项目文件：项目文件是我们针对某个项目的过程文件，好比你用Word写好的一篇报告本身。

样板文件：样板文件是针对不同类型项目已经开发好的一套样板，好比Word中点击新建后的各种样板，包括了报告样板、日历样板、简历样板等，你可以选择一种用于文档编辑。Revit为我们提供了4种默认的样板形式，这四种样板基本涵盖了建筑相关的各个专业；同时，在实际生产中很多公司会开发自己的规范样板形式，其也可以应用到Revit中。

族文件:族文件是构成一个项目的基础构件,如构成一栋钢混建筑的有各种柱、各种梁、各种墙等等,这些在Revit中,我们就可以把它们看作是这栋钢混建筑的一个构成族,Revit系统中自带了一部分常用的族库,我们也可以去下载或者使用新建族项目,编辑一个我们自己的族,用到项目中。

事实上,Revit是由多种图元为基础所构成的,图元不同于族,族针对项目,而图元则是构成整个Revit架构的基础。

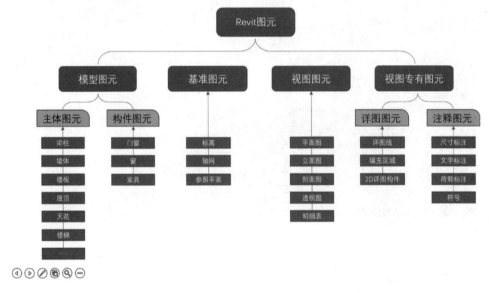

图 2.1.2

2.2 Revit中的图元

Revit中的图元由四种图元类型共同构成。

模型图元是在真实世界中看得见摸得着的,同时它也是一个动态对象,如果我们在某个视图中对其修改,那么其他视图中也会发生改变。

基准图元一般用于辅助建模使用。

视图图元包括了我们传统制图中的平立剖,同时明细表在这里也被看做是一种视图图元。

视图专有图元在真实世界中并不存在,他们的作用是用来描述这些物体的。

2.3 图元的层级关系

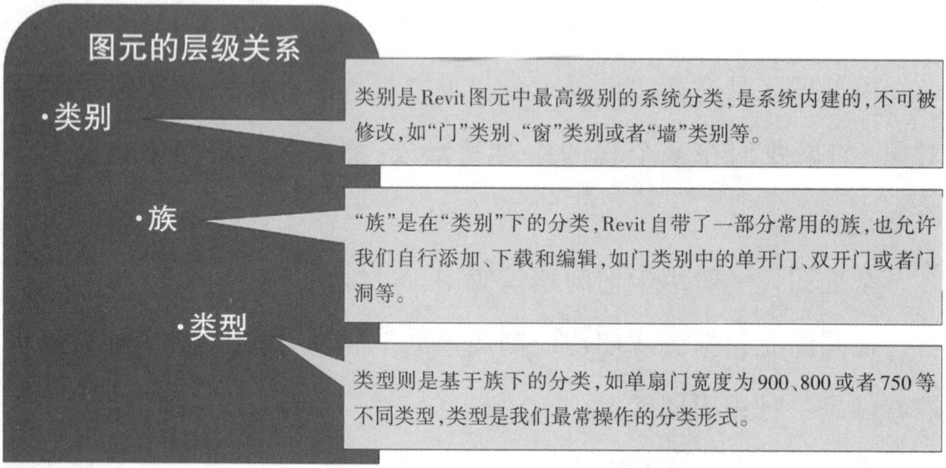

图元的层级关系

·类别

类别是Revit图元中最高级别的系统分类,是系统内建的,不可被修改,如"门"类别、"窗"类别或者"墙"类别等。

·族

"族"是在"类别"下的分类,Revit自带了一部分常用的族,也允许我们自行添加、下载和编辑,如门类别中的单开门、双开门或者门洞等。

·类型

类型则是基于族下的分类,如单扇门宽度为900、800或者750等不同类型,类型是我们最常操作的分类形式。

图 2.3.1

2.4　Revit 2020 工作界面

　　在启动界面中点击任意一个最近使用的文件即可进入 Revit 的工作界面,Revit 的工作界面分为下面几个部分。

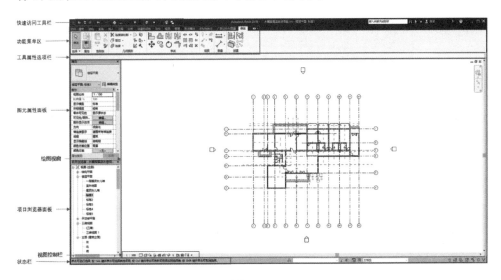

图 2.4.1

　　最下面是状态栏,我们可以通过这一栏观察目前我们的工作状态。

　　状态栏上面是视图控制栏。

　　界面左下角是项目浏览器,是我们最常用的部分。双击里面的任意一个文件打开我们所需要的视图,比如上面这张图就是第一层的平面图。

项目浏览器上面的区域是图元属性面板,这块面板就是我们对图元进行编辑的主要区域。

如图 2.4.2 所示这片区域叫工具菜单栏,当你点击上面任何一个工具时,这里会出现一系列的选项,这里我们把它称之为工具属性选项栏。

图 2.4.2

再往上面的这片区域叫做功能菜单栏。我们的主要工作都是在这一部分区域当中完成的。

最上面叫做快速访问工具栏,这里面包含了我们常用的一些工具。

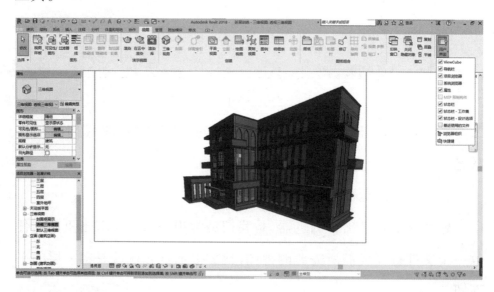

图 2.4.3

如果不小心把这些功能菜单的某个区域关掉了,比如关掉了项目浏览器,你只要找到视图菜单下的用户界面把它勾选出来即可。

我们还可以在文件菜单的选项当中对我们的工作界面进行设置,比如在"常规"当中有一个保存提醒的间隔,这是Revit提供的快捷保存的设置,但是要注意的是它只是提醒你保存,并不会帮助你保存。

再下面是设置用户名功能,我们可以在这里输入我们的用户名。以后项目当中所呈现出来的用户名就会是你现在设置的这个用户名。在用户界面中我们可以对包括快捷键在内的所有功能进行设置,保持系统默认即可。对于图形选项区,我们可以在这里对图形的显示进行设置,比如把图形背景改成我们所需要的颜色,点击确定后背景就变成了我们所需要的颜色。

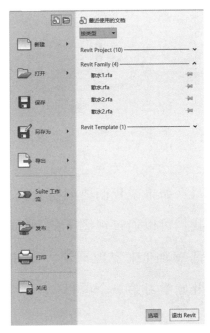

图 2.4.4

文件位置选项菜单有一个添加样板文件功能,前面我们提到过很多公司会根据自己的需要设计一套公司规范的样板,我们可以通过这里来进行添加,也可以保持系统默认的状态。下面的这些功能也可以对软件进行相应的设置。

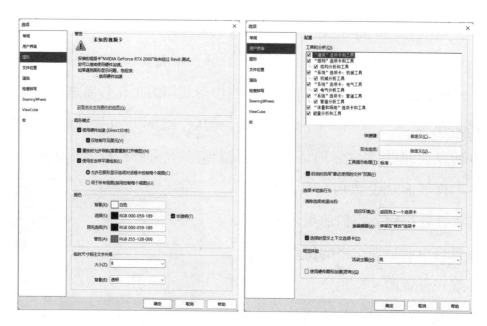

图 2.4.5

如果说我们要同时看几个视图或者你的显示器是多显示器的话，我们可以通过视图下的平铺选项来平铺所有的窗口，也可以通过快捷键 W 加 T 来实现平铺。Revit 的工作界面我们就讲解到这里，接下来开始学习第一个项目。

第三章

绘制标高、轴网及常用修改操作

本章简介

    本章从新建项目、确认项目设置开始,由浅入深,讲授如何绘制和编辑标高,详细讲解了几类常用的修改操作。在实践中进行"创建轴网"练习,要求依照范例尺寸实践创建轴网。

3.1 新建项目

Revit 为我们提供了两类新建项目的方式，即直接使用系统自带的 4 种项目样板创建项目，或者使用我们自己创建的项目样板创建项目。

样板对应你的项目需求，如建筑专业的建筑样板，结构专业的结构样板和电器给排水工程的机械样板等，构造样板主要用于后期出施工大样，建筑样板综合了建筑与结构的样板功能。

很多公司还会根据自己的需求制作统一的样板规范，以规范设计过程管理和提高工作效率。

如何建立项目样板：

在新建项目里选择"无"，点击项目样板，点击"确定"，弹出的对话框当中，我们通常会选择公制。

图 3.1.1

此时就进入我们的工作界面，很多公司还会根据自己的需要对图例、明细表、图纸等进行设置，图例明细表和图纸我们都可以通过右键的方式进行新建,而视图已经自带了部分平面视图,其他视图形式我们都可以通过视图菜单下的选项来进行设置,包括平面视图、立面视图和三维视图等。

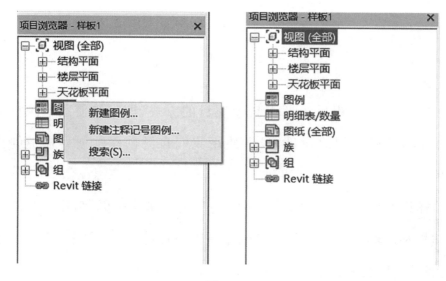

图3.1.2

当我们根据自己的实际需要设置完毕之后我们就可以把它保存为一个样板文件,点击"另存为",选择样板文件,此时在弹出的对话框当中我们可以给它取一个名字进行保存。设置好的样板文件可以在软件设置当中被添加:点击"文件选项",在文件设置栏当中我们点击这个加号就可以把设置好的样板文件进行添加了;还可以对它的位置进行调整,点击"确定"以后样板文件就会被添加到启动界面当中。我们可以根据各自的使用习惯和各个公司的使用规范在Revit当中新建项目样板。

3.2 确认项目设置

点击默认的系统样板,创建项目后我们会看到系统样板已经给我们创建好视图以及一些明细表的格式,不用我们再去重复设置。

但无论是从我们自己设置好的项目样本中创建项目,还是使用系统默认的样板,都应该对项目信息进行设置复查,以保证项目文件创建符合实际要求。

点击"管理"菜单中的"项目信息"选项,在弹出项目设置对话框中,我们可以在其中对项目名称、客户信息等进行设置。另外,在项目位置设置"地点"中,还可以使用卫星地图设置项目精确的位置信息,这为后期的地理信息气候分析提供了相对准确的依据。

小结:

(1)我们可以根据各自的使用习惯和各公司的使用规范进行项目设置。

(2)项目样板文件和项目文件是不同的,前者的格式是*.rte,后者的格式是*.rvt,项目样板文件是为一系列项目制订的习惯性规范,而项目文件则是实际的具体建设项目。

(3)制作好的项目样板,可以被添加到 Revit 的欢迎页面中,点击它就可以建立以它为基础的项目文件了。

3.3 绘制标高:新建

标高在 Revit 中是垂直方向上的基准图元;在项目的任意一个立面视图中都可以添加和编辑标高。当我们每创建一个标高时软件会在项目浏览器的楼层平面中同步为我们创建一个平面。

新建标高的方式有两种,

(1)在"建筑"菜单下使用"标高"工具创建新的标高(快捷键:L+L)。

图 3.3.1

(2)使用复制工具(快捷键:C+O),以复制的方式创建标高,但这种方式创建的标高,不会像上一种方式那样为我们同步创建一个平面。标头的颜色也与前一种方式不同;在这种情况下,我们需要手动在"视图"菜单下的"平面视图"中,选择相应的"标高"创建一个平面视图与之相联系。

3.4 绘制标高：编辑

选中标高后，可以通过拖动的方式、修改"临时尺寸标注"的方式或直接修改标高端头部分数值的方式来实现对标高的设定。

标头旁边的"小锁"图标，表示图元的锁闭状态，锁闭表示与周边图元关联，打开则表示取消关联状态；勾选此框，用以控制标头显示与关闭。"打断"图标则可以调整标高线以折线方式显示，使图面更整洁，避免相互干扰。

除了以上修改编辑方式外，还可以在"属性"面板中进行修改编辑；而"属性"面板的运用则是 Revit 中最重要的运用技能。我们目前项目中所使用的标头是国际规范形式，而不是我们国内通行的三

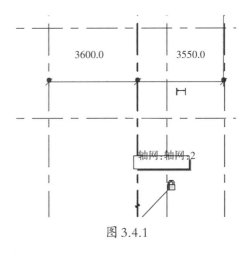

图 3.4.1

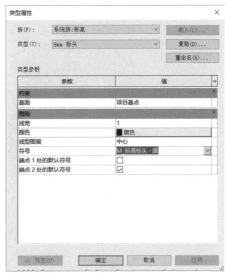

图 3.4.2

角标高符号规范，我们可以通过"图元属性"中的"编辑类型"进行编辑修改。

对图元属性的编辑修改，最好采用复制和重命名的方式进行，因为如果你在系统默认的类型基础上直接进行修改，那么之前使用了该系统默认类型的项目，也会随之发生改变。所以，实际工作中我们都会采用"复制""重命名"的方式，对图元属性进行修改。

创建轴网

轴网是 Revit 中的平面基准图元。

轴网的创建方式除了有与标高相同的创建方式以外,还可以通过按下 Ctrl 键拖动的方式创建。

轴网编号在第一次被定义后,会自动升序排序。

我们可以通过类型编辑,定义其呈现的形式。

3.5.1 常用修改操作

常用修改操作:退出操作

在任意工具使用操作过程中,点按 ESC 键 1 次退出工具编辑状态。

在任意工具使用操作过程中,连续点按 ESC 键 2 次退出工具。

常用修改操作:选择

在 Revit 中"选择"是我们最常用的工具(快捷键:M+D),无论我们使用任何工具,退出后都会回到"选择"状态。

和 Autodesk 的其他软件操作一样,"选择"也分左选和右选;左选时被框中的元素将被选择,右选则凡是被碰到的都会被选中。

常用修改操作:临时尺寸标注

在 Revit 中最重要的要求是精确建模,因此我们常会把 CAD 导入的图纸甚至是草图直接导入到软件中,对其进行精确的建模操作,我们把这种方法称之为草图法。

在图中我们点击任意轴线,会出现一根蓝色的临时尺寸线,操作上面的小蓝点能快速让其与对象的外边线、内边线和中心线对齐。

另外,我们也可以拖动小蓝点使它对齐到某个对象上;但要注意的是在Revit中和CAD操作一样,应该先选中修改的对象才能执行修改工作。

常用修改操作:移动与复制

移动:和CAD中的操作类似,移动操作可以在选中被移动的物体后,直接拖动移动,也可以朝某个方向拖动并输入移动距离,还可以通过捕捉端点和终点的方式移动(快捷键:M+V)。

复制:复制命令和移动命令操作方式一样(快捷键:C+O)。

3.6 实践训练

实践训练：创建标高

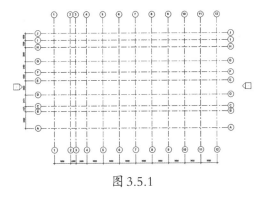

图 3.5.1

根据本节讲解示范，以"创建标高"示范为例，实践创建标高并保存项目。

实践训练：创建轴网

根据本节讲解示范，以"创建轴网"示范为例，依照范例尺寸实践创建轴网，并保存项目。

注：尺寸标注仅作参考，不用创建。

实践训练：常用操作

根据示范，实践运用"临时尺寸标注"、"选择"、"退出"、"移动与复制"功能。

第四章

墙的创建与常用修改操作

本章简介

本章介绍了Revit中的墙工具，介绍了墙的创建、绘制方法，讲解了墙的平面、立面、三维的各类视图，通过"移动、对齐、修建、参照平面"等修改操作，进行创建墙的实践训练，创建各类型的墙、墙的三维视图与透视图等。

墙

Revit 中的墙工具（快捷键 W+A）；墙工具包括"建筑墙""结构墙""面墙"以及"墙：饰条"和"墙：分隔缝"五种类型，Revit 会默认为"建筑墙"，结构墙与面墙，前者带有结构属性，带有分析模型，能够给结构工程师进行布筋等功能，而后者常用于规划中的概念表达；在设计阶段我们一般采用"建筑墙"，如前面理论中谈到的，结构工程师可以使用编辑好的某"结构墙"替换我们的"建筑墙"，或者直接为建筑墙加入诸如配筋、材料等数据，使之成为结构墙；而面墙，则是规划和方案推敲的利器，我们可以先不用关注具体墙的形式是什么，只用一个面来代替，将精力放在方案的创造上。

图 4.1.1

点选中"建筑墙"工具，我们可以直接使用属性中系统默认的"墙体类型"来创建新墙体。或者选择一种"墙体类型"对其进行属性编辑后创建。

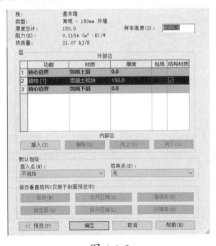

图 4.1.2

编辑时，我们依然应遵循复制、重命名的原则进行。在结构对话框中，我们可以对墙的构造形式进行编辑，设置该墙体的核心结构是由什么材料构成、具体尺寸是多少，内外表面材料和尺寸是什么，还可以通过点击"预览"参看该墙体的横竖截面形式。

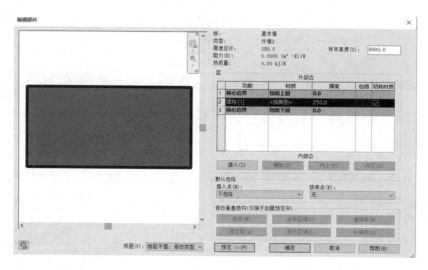

图 4.1.3

这里应注意的是，应根据实际情况在属性对话框中设置内外墙，这个选项将与后期建筑模拟有关。

4.2 墙的绘制

　　编辑好墙图元的属性后,在工具属性条中就包含了创建墙体时的主要功能选项。"链"处于被勾选状态,表示绘制的墙体是连续的,如果我们要绘制两面不连续单独的墙体,需要点击取消勾选工具属性栏中"链",或者点击一次"ESC"键退出当前绘制来实现。定位的方式也有多种可选。

　　放置墙有"高度"和"深度"可选,前者是从下往上,后者则相反;要注意的是,在墙的创建中的混凝土墙,只能从上往下创建,因此工具属性中的深度与高度选项默认为深度,并且不能被选择,其他墙体形式则不受限制。

　　高度则可以在工具属性中设置,也可以在属性面板中的"底部约束"和"顶部约束"中设置。如果不选择,则可以使用具体数值的方式进行设置。"连接状态"系统默认为"允许"状态;而"偏移"则是用于设置墙相对高度的选项。

　　绘制墙和 Revit 中的其他绘制操作一样,遵循先草图后修改的步骤,先在大概位置绘制出墙体,再对其距离、尺寸以及对齐方式等进行修改(点击选中墙体后,再点击两端的小蓝点可以修改其对齐方式)。

　　此外,选中已建立墙体,可以在"编辑轮廓"中进入墙的预编辑状态,对墙进行形状、开洞等编辑操作;点选轮廓编辑后会弹出界面对话框,提示我们选择编辑需要切换到的视图。

常用修改操作:添加三维视图(1)

Revit默认建筑样板中已经为我们添加好了平面、立面和三维视图,双击即可打开相应的视图,同时通过右键还可以对视图进行重命名操作,方便我们使用。

对于目前的项目,因为我们并没有在样板中添加设置三维视图,因此我们需要自行添加:点击视图菜单下的三维视图工具,可以为我们添加三维视图、相机和漫游三种三维视图模式;相机视图是一种以透视视角显示的三维视图形式,可以通过点击位置拉出视角的方式实现墙的连接。

墙连接工具能对不同材质、不同角度非连续性的墙,进行连接方式的调整。点选工具后,主要是通过工具的属性选项来操作调整,包括实际施工中"平接""方接"和"斜接"三种工艺形式。

常用修改操作:视图控制

为了便于观察,我们还会对不同视图进行设置,如我们会将透视视图设置成接近真实效果的视图形式,除了使用默认的这些视图形式外,我们还可以通过"图形显示选项"对细部进行调整;图面的精细程度也设置为便于我们观察。

常用修改操作:移动、对齐、修剪等

切换对象:当我们把鼠标移动到对象上时,Revit会自动为我们捕捉中线、轴线等,但有时默认设置并不会捕捉到我们需要的对象上。此时我们可以配合使用Tab键,切换捕捉的对象,这个功能在我们实际工作中很常用。

对齐:(快捷键:A+L)选中对齐目标,点击修改目标实现对齐。

修剪:(快捷键:T+R)点击命令后选择目标实现修剪。

偏移:(快捷键:O+F)偏移工具使用时应注意工具属性栏中的偏移距离设置,输入相应距离后目标物附近就会出现偏移反向的虚线提示,点击即可实现偏移,我们也可以取消勾选复制。

打断:(快捷键:S+L)通常打断工具都是和其他工具配合使用的,用于某一物体的打断,使一个物体被打断成两个。另外,我们也可以勾选"删除内部线段"直接删除被选取的端点与终点中的部分。

镜像:(快捷键:M+M)选中后使用镜像工具可以方便地创建一个镜像对象。

常用修改操作:参照平面

在Revit中参照平面类似SketchUP中的参考线,可以协助我们绘制不便于捕捉参考的图元。

在建筑菜单中可以找到,也可以使用快捷键(R+P)打开。

4.3 实践训练

- 创建250带内外装饰外墙。

- 创建250带装饰内墙。

- 创建150带内外装饰外墙。

- 创建150带装饰内墙。

- 依照"创建墙"示范创建一层全部内外墙体。

- 创建三维视图与透视图,调整设置三维视图与透视图。

- 实践尝试墙编辑。

- 实践各常用修改操作。

第五章

墙的高级应用

本章简介

　　本章在第四章的基础上,深入讲解了基本墙、叠层墙、幕墙这三种类型,介绍了在墙族中如何通过构件属性的类型编辑单独对其进行编辑。在本章创建幕墙的实践训练中,要求运用"幕墙"创建接待厅条窗、楼梯间条窗、大厅玻璃幕墙、带装饰压顶女儿墙等。

5.1 墙的类型与编辑类型

在墙族中包括了基本墙、叠层墙和幕墙三种类型。

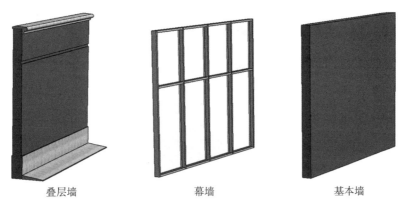

叠层墙　　　　　　　　　幕墙　　　　　　　　　基本墙

图 5.1.1

基本墙类型一般是由一种材质或者构造所组成,它无论在垂直还是水平方向上的构成都是一样的,如砌体砖墙、混凝土墙等。

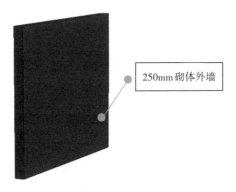

250mm 砌体外墙

图 5.1.2

叠层墙则在垂直方向上由多种形式或者材质构成,可以理解成由多个基本墙类型所构成的形式,如墙的底部为混凝土形式,中段为砌体形式,顶部为装饰性质形式的一道墙体。

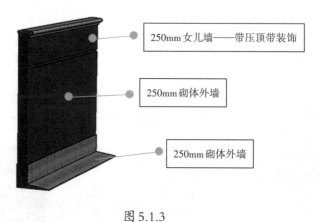

250mm女儿墙——带压顶带装饰

250mm砌体外墙

250mm砌体外墙

图 5.1.3

5.2 创建自定义基本墙类型

　　墙属于一个族,里面包括了砌体砖墙、混凝土墙等类型,但在族这个层面,你无法修改它更不可能删除它,但类型则不是,我们不但可以修改编辑,甚至可以创建一个属于你自己的基本墙类型。例如在墙这个族中,砌体砖墙和混凝土墙就是两个单独类型,我们可以通过构件属性的类型编辑单独对其进行编辑。

　　我们可以在创建墙的时候进行编辑,也可以对已创建好的墙构件进行修改,但要注意,不要直接对其进行修改,我们应该复制后再进行修改,否则凡是应用了该类型的项目都会发生改变。另外,我们还应根据各公司的命名规范对其进行重命名。

图 5.2.1

点击"编辑类型"即可进入该类型的编辑界面,点击"预览"可以看到该类型的图形展示,点击"编辑"进入该类型的编辑界面,列表中该类型以一种层的形式展示出来,上部为外部边,下部为内部边,最中间的"结构"表示该构件的核心结构部分,核心边界是该类型结构部分与非结构部分的分割线,面层则是该类型外表面的构成。

以新建一个结构由中间结构层以及两个面层、一个衬底组成为例,可以在结构被选中后点击插入,插入一个新的结构层,之后在后面修改其厚度以及材质。

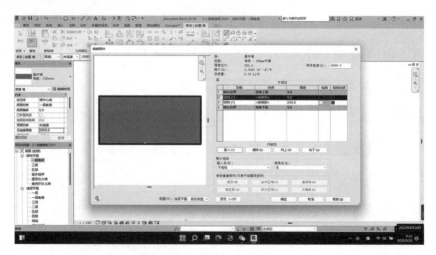

图 5.2.2

这里要注意的是,结构材质勾选项决定了哪层的材质可以成为结构的材质,但只能勾选一项不能多选,结构工程师会以这层的构件作为结构预算的依据。

在材质栏中可以点开材质选项,根据我们实际需要选择相应的材质,当我们选择某一种材质时,相应的包括材质外观、产品信息在内的所有信息都会在右边栏中展示出来。当然,我们也可以添加或新建自己常用的材质与信息。

在列表的上方我们可以查看该构件的总厚度、热质量等总体信息,这些物理信息在我们新建材质时就应该完善,以便于后期能量分析等应用使用。

点击各层的功能栏时会出现一个下拉菜单,系统为我们列出了多种该结构层的功能属性,并且属性后面还有一个括号包裹的数字,这些数字表示了其优先级,数字越小,优先级越高,它决定了该构件交叉或者打断连接时的连接方式,总的形式是优先级高的打断优先级低的图层。

以上操作完成并点击"确定"后,我们可以立即看到该构件发生变化;如果看不到,则可以在视图左下角的视图属性选项中调整为中等或者精细来查看。

我们还可以用"二维"族的方式,编辑一个构件载入项目中,应用"墙饰条"和"分隔条"工具来编辑诸如基础墙散水、女儿墙压顶装饰等构成。

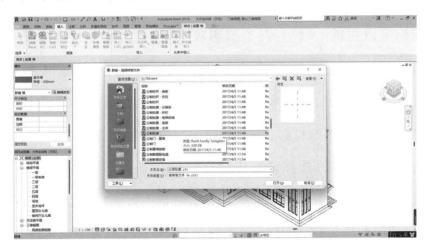

图 5.2.3

这时我们可以使用新建族工具,新建一个属于我们自己族或者类型的方式满足我们的需要;点击"新建"→"族"→选择"公制轮廓"样板,进行创建。

族编辑器将打开包含两个参照平面的平面视图,如没有,可在其中绘制线的其他视图。

我们可以绘制参照平面帮助创建一个我们需要的二维轮廓线。

单击"创建"选项卡"详图"面板(线),然后绘制轮廓环,点击"载入到项目"并命名保存即可在项目浏览器中使用和编辑我们新建的族。

距离用于设计该轮廓距离底边或者顶边的高度;边则用于设置该轮廓处于内外的位置;偏移则用于设置该轮廓族与主体间的偏移位置,正值为向外,负值为向内;翻转则是设置该轮廓垂直方向上的构成方式,收进是该轮廓在墙末端自动收进的值,一般保持默认;剪切墙选项应根据实际需要选择勾选,它的作用是剪切掉与墙重合的部分,可剖切:勾选后在墙体开洞时,会随着墙体一并被洞口的轮廓所剖切。

墙饰条通常是不同于墙体本身的另外一种材料,主要起装饰作用;我们可以在选中墙后,在类型编辑器中的"结构"的"墙饰条"中进行编辑。但要注意的是,墙饰条只能在预览的视图"剖面"中编辑;打开墙饰条对话框后,里表中的"轮廓"定义了墙饰条的形式,"材质"定义了墙饰条所使用的材料,"距离"则是定义墙饰条在墙面所处高度的选项,此时我们可以选择计算依据自底部还是顶部,"边"是定义其对齐内边或外边的选项,偏移则是定义墙饰条嵌入面层的选项,"+"向外偏移,"-"值向内偏移,剪切墙和可迫切都应勾选,前者决定了墙饰条迫切嵌入面层,后者则是在编辑门窗时处于自动打断和连续的选项。

我们还可以根据自己的需要在打开墙饰条对话框后载入自己喜欢的墙饰条类型。

5.3 常用修改操作:视图范围

在实际应用中,我们常会发现当我们在某一视图中操作图元时,会被其上方的图元影响,这就需要我们对"视图范围"进行必要的操作。

Revit为此专门设置了视图范围调整的功能,我们可以在楼层视图的"属性"中通过"视图范围"编辑进行调整;但要注意的是,在对话框中,视图范围的数值设置是有一定规律的,"顶部"应大于"剖切面"大于"底部",否则会报错。

事实上平面图也是一种剖面图,而视图范围就是这个剖切面的位置意义;换句话说,一个层高为3600mm的平面图,剖切面处于1200mm时和2300mm时,我们所看到的视图是不一样的,1300mm时平面上的门我们可以看得见,而2300mm时由于门高为2100mm就看不见了。

同时,我们也可以只使用视图→平面视图→平面区域工具,绘制局部区域的视图范围,实现局部区域视图范围和默认视图范围的同时显示。

5.4 创建叠层墙

在我们载入系统自带的族库之后,可以在项目浏览器中找到载入的各个类别,点击"+"号可以看到该类别下的各个族,再点击"+"可以查看之下各个类型。

以"墙"类型为例,点开后会看到"基本墙""叠层墙"和"幕墙"三个族,点开叠层墙后能看到系统为我们预设好的一个叠层墙类型,右键打开类型属性,即可以对该类型进行编辑。但要注意的是,和前面提到的类型编辑一样,我们也应该采用复制后编辑的形式进行,用右键点击"复制"→"重命名",并应根据各自公司的命名规范进行规范命名。

在编辑对话框的列表中,我们就可以点击名称栏中的下拉列表,从下自上开始编辑叠层墙的构成,如:底部为混凝土墙,中段为砌体砖墙,上部为女儿墙。

叠层墙的高度可以在列表的高度栏中进行调整,但要注意的是必须有一段是可变的,以自适应项目中墙体的不同高度要求。

对于对齐的方法,我们可以通过计算构成叠层墙各基本墙宽度,使用列表中偏移的方式对齐,正值向外突出,负值向内缩进;但要注意在对话框上部设置偏移对齐的方式,如对齐方式为,面层面:外部;点击"确定"退出编辑对话框。

之后选中需要替换的墙体(鼠标移动到需要选中的墙体上,按Tab键可以选中所有相关联的墙体,之后点击"确认"选中),在构件属性中可以找到我们编辑好的叠层墙,点击"替换"。

5.5 实践训练

- 运用"幕墙"创建接待厅条窗、楼梯间条窗。

- 创建大厅玻璃幕墙并嵌入门。

- 创建300带散水基础墙。

- 创建250女儿墙带装饰压顶,墙饰条与分隔条。

第六章

创建楼板

本章简介

　　本章讲解了绘制楼板的四种基本方法,以及如何利用楼板工具配合图元属性中的修改标高等操作,创建室外平台、雨挑板等建筑中平面的构件,还讲解了楼板工具的常用修改操作和关联操作。在本章的实践训练中要求创建带装饰室内楼板、现浇室外平台以及现浇带防潮层室外雨挑板等,并要求调整各个楼板与其他构件间的连接关系。

6.1　绘制楼板1

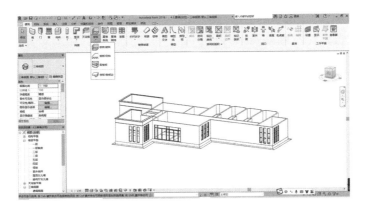

图 6.1.1

　　楼板工具中为我们提供了4种创建项目（如图6.1.1），首先"建筑楼板"与"结构楼板"主要区别于项目,结构楼板主要用结构深化,建筑楼板则主要应用于建筑设计中。

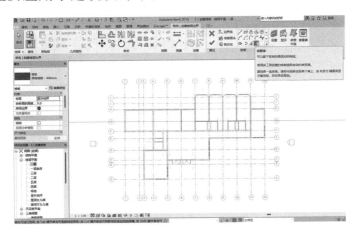

图 6.1.2

编辑方式和其他构建工具的预编辑状态一样,点击楼板工具后,工具栏会进入预编辑状态(草图绘制模式),我们可以根据自己的实际需要选择绘制或者拾取的方式编辑楼板。但要注意以下几点:

(1)楼板工具只能识别封闭的面范围,不封闭没有封闭的二维线形式,因此,我们会配合编辑工具编辑楼板。

(2)跨方向在建筑中是指两个承重结构之间的距离,因此,我们也应该根据项目实际确定跨的方向。

(3)预编辑状态只能使用工具栏上的"确定"和"取消"来确定楼板的绘制完成或者退出。

常用修改操作:过滤器与加减选

当我们选中某视图中的全体图元元素后,通过菜单栏中的"过滤器",可以筛选我们需要的图元。

也可以配合使用"Ctrl"或"Shift"键,实现图元的增减选择功能。

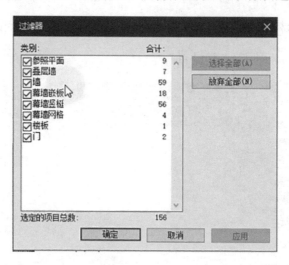

图 6.1.3

6.2 绘制楼板

当我们编辑好楼板二维轮廓线并点击确定后，系统会提示"是否附着墙"，此时应注意选择"否"，否则与楼板相关联的墙标高将发生改变。

图 6.2.1

选中楼板点选"编辑边界"返回编辑状态后，我们可以对楼板轮廓进行修改、开洞、特殊形状等编辑。

运用此功能，我们还可以为室外楼板创建室外台阶、建筑散水或者雨挑板外檐。

图 6.2.2

6.3 利用楼板工具创建雨挑板

楼板工具不但可以创建地面楼板，我们还可以利用楼板工具，配合图元属性中的修改标高等操作，创建室外平台、雨挑板等建筑中平面的构件。

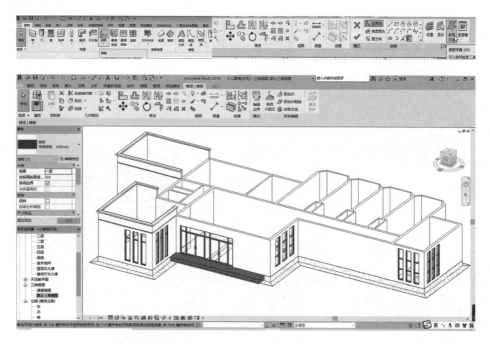

图 6.3.1

常用修改操作：创建剖面图与剖面框

在Revit中我们可以通过视图菜单的剖面工具，像实际制图中那样在视图中通过绘制剖面图标，来创建剖面图。

还可以对剖切线进行编辑,实现折线剖切;换句话说,就是当我们定义了一个剖面之后,在"项目浏览器中"剖面目录下会自动生成该剖面的视图;同时我们对剖面标记进行编辑时,视图也会产生相应的变化。

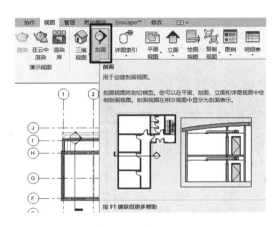

图 6.3.2

常用修改操作:连接几何体工具

连接几何体工具,可以将两个相邻的构件按实际需要进行连接,如柱与梁在实际生产中,是完成好布筋、模具搭建后一起进行浇筑的,现浇楼板边缘也是和梁或者承重墙搭接在一起的。

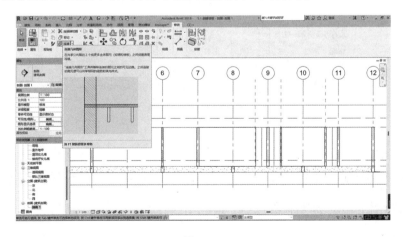

图 6.3.3

6.4　楼板工具的关联操作

　　编辑楼板轮廓时，周边的
"小锁"表示与周边构件关联，锁
闭为关联状态，当周边构件改动
时楼板边线也会随之改动。

　　在实际项目中，楼板经常与
周边构件是联系在一起的，如周
边起承重结构的墙柱梁等。因
此一方面我们应该根据实际项
目选择楼板的边缘搭接位置，另

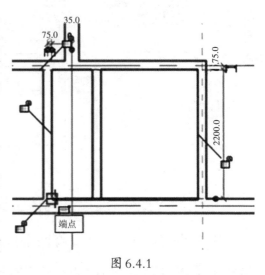

图 6.4.1

一方面应根据实际项目，选择设置墙的顶部或者底部附着。

图 6.4.2

　　对楼板编辑操作中，构件与构件间出现重叠时，系统会提示是否
"剪切重叠部分"，应注意选择"是"，让系统自动剪切掉与楼板重叠的
其他图元。

6.5 面楼板与概念体量

　　概念体量常被用于表现某个概念设计，Revit在新建菜单中可以找到新建"概念体量"，Revit会为我们打开一个"概念体量"编辑界面，我们可以使用编辑工具对其进行编辑、保存或者载入当前正在编辑的项目中。

图 6.5.1

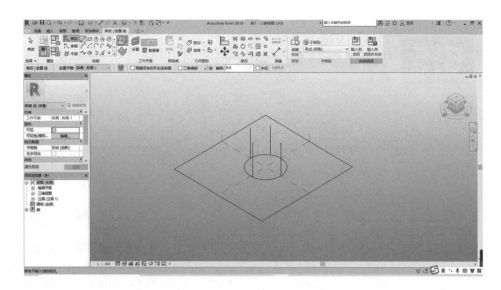

图 6.5.2

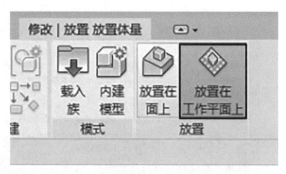

图 6.5.3

我们可以直接点击"载入到项目",也可以在项目的"体量和场地"菜单中选择"放置体量"载入我们编辑好的概念体量。

载入的概念体量有两种放置形式,即"放置在面上"与"放置在工作面上",工作面是我们工作的平面,如某一标高平面;放置在面上则是某一具体物体的某个表面;工作面形式设置功能可以在平面构件编辑时的修改选项中找到,并可以根据我们的实际需要进行设置、显示或者查看。

6.6　面楼板

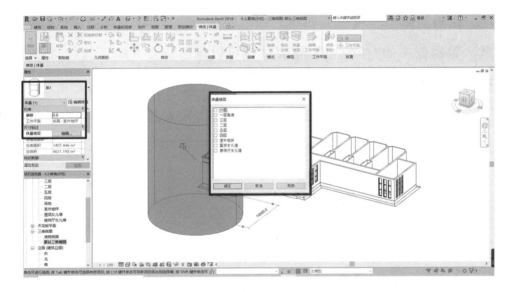

图 6.6.1

　　面楼板主要用于概念体量的楼板面示意。在载入概念体量后,我们可以在选中体量后使用"体量楼层",在弹出菜单中选择需要添加的楼层,Revit 会根据已有标高添加"面楼板";我们还可选择面楼板工具,选中对象后点选"创建楼板",将概念面楼板,创建为"实体楼板"。

6.7 楼板边缘

楼板边缘工具可以方便我们创建楼板的边缘形式,我们可以直接载入轮廓族中的"楼板边缘轮廓",也可以像编辑女儿墙压顶装饰、基础墙散水那样,自己编辑创建一个二维轮廓载入项目中使用。

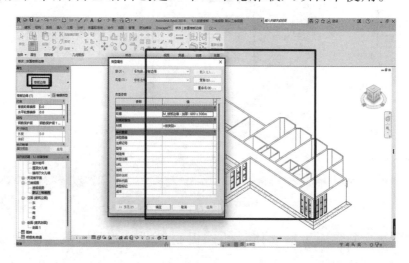

图 6.7.1

使用方法非常简单,点击工具后,在图元属性编辑中选择需要的楼板边缘轮廓,点选需要对齐的楼板上边或者下边就可以实现"楼板边缘"的创建。

我们不但可以使用楼板边缘工具创建楼板边缘与周边构件的搭接形式,还可以用它来创建诸如"室外台阶""雨挑板外边缘装饰条"等构件。

6.8 利用楼板工具创建雨挑板与楼板放坡

　　楼板工具还可以被编辑：选中已编辑好的楼板，利用"坡度箭头"和"修改子图元"实现放坡等操作。

6.9 实践训练

• 创建一层带装饰室内楼板、现浇室外平台以及现浇带防潮层室外雨挑板。

• 为一层公共卫生间管道井预留洞口。

• 创建一层客房带装饰的室内楼板。

• 为一层客房卫生间楼板做降板处理。

• 创建接待楼剖面视图，并实践编辑剖面框。

• 实践"连接几何体工具"，连接楼板。

• 实践"附着"调整各个楼板与其他构件间的连接关系。

• 使用楼板边缘工具，为一层室外平台添加室外台阶。

• 使用楼板边缘工具，为一层雨挑板添加装饰边缘。

• 实践概念体量与面楼板工具。

• 使用楼板工具为厨房添加屋顶，并整体放坡。

• 使用楼板工具外接待厅添加屋顶，并通过修改子图元实现材料放坡。

• 为雨挑板放坡，组织排水。

第七章

面板与楼板边缘

本章简介

　　本章介绍了"概念体量"的概念及其载入的两种方式，讲解了如何添加面楼板和楼板边缘，利用"坡度箭头"和"修改子图元"可以实现雨挑板和楼板的放坡操作。在本章的实践训练中要求使用楼板边缘工具添加室外台阶，使用楼板工具为厨房添加屋顶并整体放坡，通过修改子图元实现材料放坡。

7.1　概念体量

概念体量常被用于表现某个概念设计，Revit 在新建菜单中可以找到新建"概念体量"，Revit 会为我们打开一个"概念体量"编辑界面，我们可以使用编辑工具对其进行编辑、保存并载入当前正在编辑的项目中。

我们可以直接点击"载入到项目"，也可以在项目的"体量和场地"菜单中选择"放置体量"载入我们编辑好的概念体量。

载入的概念体量有两种放置形式，即"放置在面上"与"放置在工作面上"，工作面是我们工作的平面，如某一标高平面；放置在面上则是某一具体物体的某个表面；工作面的形式也可以在平面构件编辑时从修改选项中找到，并可以根据我们的实际需要进行设置、显示或者查看。

7.2 面楼板

面楼板主要用于概念体量的楼板面示意。在载入概念体量后，我们可以选中体量后使用"体量楼层"，在弹出菜单中选择需要添加的楼层，Revit 会根据已有标高添加"面楼板"；我们还可以选择面楼板工具，选中对象后点选"创建楼板"将概念的面楼板创建为"实体楼板"。

7.3　楼板边缘

　　楼板边缘工具可以方便我们创建楼板的边缘形式,我们可以直接载入轮廓族中的"楼板边缘轮廓",也可以像编辑女儿墙压顶装饰、基础墙散水那样,自己编辑创建一个二维轮廓载入项目中使用。

　　使用方法非常简单:点击工具后,在图元属性编辑中选择需要的楼板边缘轮廓,点选需要对齐的楼板上边或者下边就可以实现"楼板边缘"的创建。

　　我们不但可以使用楼板边缘工具创建楼板边缘与周边构件大搭接形式,还可以用它来创建诸如"室外台阶""雨挑板外边缘装饰条"等构件。

7.4 利用楼板工具创建雨挑板与楼板放坡编辑

楼板工具还可以被编辑：选中已编辑好的楼板，利用"坡度箭头"和"修改子图元"实现放坡等操作。

7.5　实践训练

- 使用楼板边缘工具,为一层室外平台添加室外台阶。

- 使用楼板边缘工具,为一层雨挑板添加装饰边缘。

- 实践概念体量与面楼板工具。

- 使用楼板工具为厨房添加屋顶,并整体放坡。

- 使用楼板工具外接待厅添加屋顶,并通过修改子图元实现材料放坡。

- 为雨挑板放坡,组织排水。

第八章

创建柱、梁

本章简介

　　本章介绍了一个常用的修改操作小技巧,即如何隐藏和隔离模型中的对象,介绍了在 Revit 中如何创建柱和创建梁,讲解了建筑柱和结构柱的概念及特点。在本章的实践训练中要求进行柱和梁的创建。

8.1 常用修改操作——隐藏和隔离模型中的对象

对于临时性或者单个图元,我们可以在选中隐藏目标后,点击视图下方的"眼镜"图标,选择"隐藏图元",此时视图会出现一个蓝色的边框,这表示该操作是临时性质的,在该视图退出或者打印视图时,隐藏功能会退出,隐藏图元在打印时也会照常输出而不会被隐藏。

图 8.1.1

隐藏类别的操作和属性与隐藏图元一样,区别只是隐藏与该图元同类的所有类别。

隔离类别与隔离图元的功能则与隐藏相反,将非此类别或者图元的元素全部隐藏,只保留选中的类别和图元;返回隔离和隐藏,点击"重设临时隐藏/隔离"。

通过隐藏/隔离应用视图可以将临时隐藏切换为永久隐藏。

永久隐藏图元和类别也是我们工作中常用的操作:选中元素后点

击"修改"菜单下的"小灯泡"或者右键选择"隐藏"都可以实现图元或类别的永久隐藏。

被永久隐藏图元的显示：可以点击视图下方的"小灯泡"图标,此时视图有一个红色的边框,这表示该操作为永久隐藏性质的,选中需要恢复显示的图元,点击"取消隐藏图元/类别",点击"切换显示隐藏图元模式"则可以退出并恢复显示被永久隐藏的图元与类别。

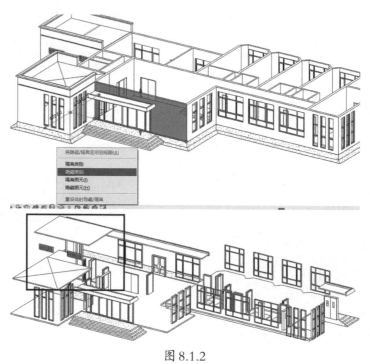

图 8.1.2

8.2 创建柱

Revit当中为我们提供了建筑柱、结构柱两种形式,这两种形式我们都可以在建筑的选项卡当中找到。点击建筑柱之后,我们可以在下拉菜单当中找到系统提供的三种形式。和其他的构件一样,我们可以对它进行编辑。

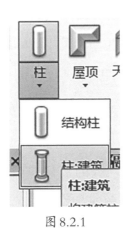

图 8.2.1

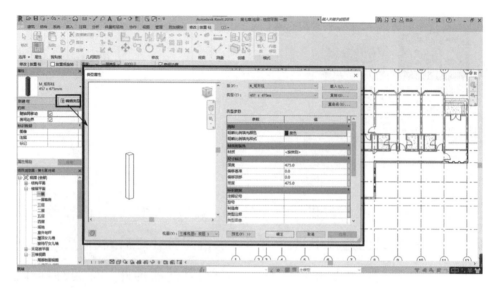

图 8.2.2

与工具属性菜单当中和墙的方式基本类似,柱也有高度和深度两种方式,选择后点击柱点位置就可以添加柱了。

在建筑菜单下我们可以找到柱的创建,在结构菜单下我们依然可以找到柱的创建,但是如果用族的方式进行创建我们就可以发现在建筑的族当中没有柱的族,但是结构的族中有。这是因为在 Revit 中,建筑柱与结构柱是有严格区分的。建筑柱往往被建筑师用于 BIM 正向设计当中,单纯表示位置包裹层或者端层的信息。将来由结构工程师用结构柱将其替换,而结构柱则是实际支撑起整个建筑的实际结构形式,它必须包括材料技术分析模型等实际应用中必需的信息。换句话说,建筑柱主要给建筑师用于创作需求,本身不包含任何信息,而结构柱则应用于工程师的具体工程过程当中,它必须包含具体的材料技术参数以及分析模型等信息。因此刚才我们在系统默认的结构文件夹下载入的结构柱是不能被载入到建筑柱当中的,但是我们可以在结构柱当中找到。

　　在实际使用中应注意，无论我们选择何种属性的柱，都应注意合理使用"随轴网移动"功能，这样在我们对轴网进行修改时，柱就会随轴网的改变而改变，而不必再逐一修改。

　　Revit还为我们提供了批量柱的操作，如在添加构造柱时，我们可以采用构造柱选项卡中的"在轴网处"或者"在柱处"批量添加结构柱。另外我们还可以使用"空格键"调整这些柱的方向。

8.3 创建梁

梁和结构柱一样,都是建筑中重要的承力构造,因此只能在"结构"菜单下被找到。

梁的创建,可以直接绘制,也可以采用"梁系统"的方式一次性创建多个梁。

在工具属性中还可以勾选"三维捕捉"来实现非水平梁的创建。

应根据实际项目选择"结构用途"。

8.4　实践训练

- 实践"建筑柱"与"结构柱"的创建。
- 实践"梁"的创建操作。

第九章

创建天花板

本章简介

　　本章详细介绍了创建天花板的步骤，并讲解了常用编辑操作中的"复制/粘贴""捕捉"两个操作的特点，实践练习为创建天花板。

9.1　创建天花板

　　天花板工具和楼板都是模型图元的一种主体图元形式,在创建天花板时应注意选择正确的视图形式;楼层平面视图是从剖切面向下看,而天花板视图则是从剖切面往上看,两者有本质上的区别。因此,在创建天花板时,应选择或创建相应工作视图即"天花板视图",如直接选择在"楼层平面"上创建,会出现报错甚至创建失败。

9.1.1　创建天花板

　　正确选择好工作视图后,点击天花板工具即可实现创建天花板,并且可以通过"编辑类型",像编辑"墙体""楼板"那样对天花板类型形式进行编辑。

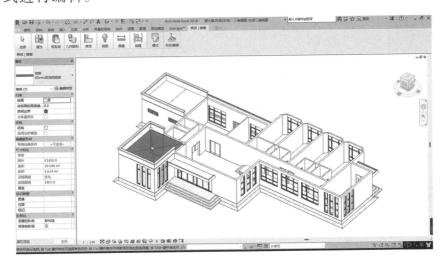

图 9.1.1

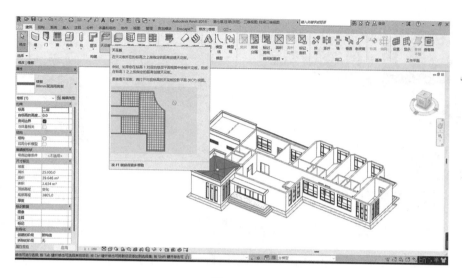

图 9.1.2

9.1.2 自动创建天花板

我们可以通过自动创建和绘制创建两种方式进行创建。以自动创建为例,我们将标高设定为3.6米,将鼠标移动到相应的范围,点击即可为建筑添加天花板。

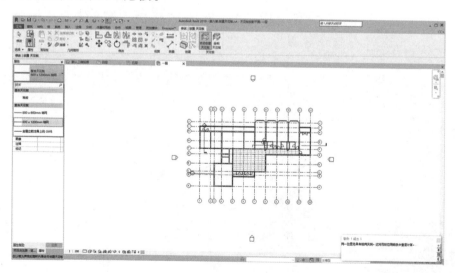

图 9.1.3

9.1.3 修改天花板属性

除了自动创建以外,还可以通过"绘制"创建,像楼板工具那样通过拾取墙、线或绘制的方式创建天花板,并对其进行特殊形状和放坡等编辑。

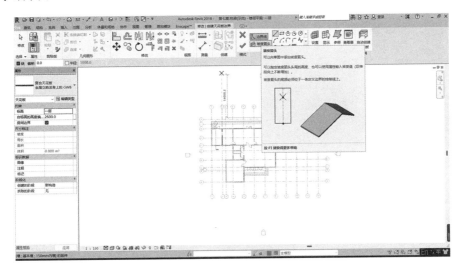

图 9.1.4

9.1.4 修改天花板边界坡度箭头

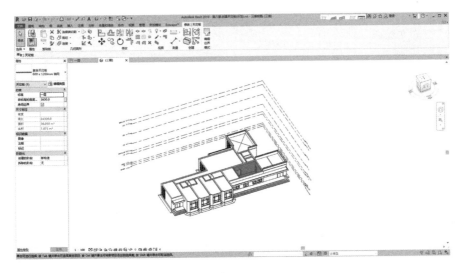

图 9.1.5

9.1.5天花板三维呈现

应注意的是,"自动创建"只能对一个相对封闭的范围进行识别,对不封闭的范围它是无法识别的。如果我们要对不封闭的范围创建天花板,那么我们只能使用绘制的方式进行创建。

9.2 常用修改操作:复制/粘贴

接下来我们学习一个常用的修改操作:复制/粘贴。复制/粘贴（Ctrl+C/Ctrl+V）是我们常用的计算机基本操作,而Revit中的"复制/粘贴"工具相比CAD时代的"复制/粘贴"具有更加便捷的特点。

使用复制/粘贴工具,此操作主要有以下6种操作形式:

从剪切板中粘贴:这是最基本的粘贴形式,当我们使用复制(Ctrl+C)操作后,选择自己需要粘贴的基点来完成该操作。

与选定的标高对齐:在相应的视图中选择该选项后,会弹出对话框提示我们选择需要对齐的标高,完成粘贴操作。

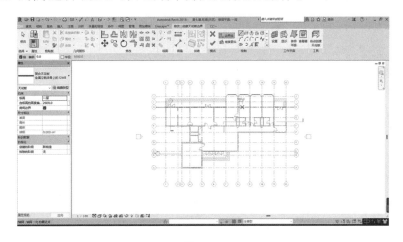

图 9.2.1

与选定的视图对齐:这个选项比较特殊,我们选择模型图元复制后点击"粘贴"时会发现,该选项处于灰色显示状态,不能被操作,而我们重新选择图元则可以执行该选项。和选定的标高一样,只要在对话框中选择相应的视图,注释图元就会被粘贴到目标视图中。因此,我们可以借助此功能将已经编辑好的注释图元,直接粘贴到类似的视图中以提高项目的制度效率。

与当前视图对齐:可以将我们需要的图元直接复制到相应的平面视图中,如将一层的墙体直接复制到二层的平面视图中,并保持对齐,这一选项是我们最常用的对齐粘贴选项。

与同一位置对齐:与"与选定的视图对齐"类似,不像"与选定的视图对齐"选项那样只能在特定条件下实现对齐粘贴。"与同一位置对齐"几乎可以复制所有图元类型,但粘贴后会报错提示"重复",需要我们手动在"类型属性"中重新设置。

与拾取的标高对齐:该选项只能在立面以及剖面视图中操作,通过直接拾取标高的方式对齐粘贴图元。

9.3 常用修改操作：捕捉

接下来，我们再来学习一个常用的修改操作——捕捉：回到一层平面视图当中选择绘制一面墙体，此时我们在绘制的时候，Revit为我们捕捉周边的元素，同时，数值也会以整数的形式发生变化，当我们放大视图的时候，它的整数范围也会随之发生变化。

对上述数值以及捕捉的元素，我们都可以点击选择管理菜单下的捕捉工具，对它进行设置。例如对长度的标注捕捉增量进行设置，或者对捕捉的对象进行设置，这就是捕捉工具的作用。

增量捕捉：使用Revit绘制物体时，我们会发现当视图范围较大时，尺寸也会以较大的整数方式辅助绘制图形；当视图范围较小时，尺寸也会随之变成个位数甚至小数方式以辅助绘制图形。

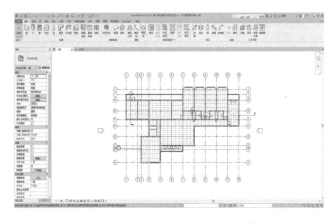

图 9.3.1

9.4 实践训练

- 创建"一层天花板"。

- 实践"复制/粘贴"工具。

- 实践"捕捉"工具。

第十章

大作业训练

本章简介

通过前几章对墙、楼板、柱、梁、天花板的实践练习,本章将进行大作业练习及延展作业练习,要求完成整体建筑模型并在此基础上完成建筑物上的各项细节。

通过前几章对各类图元的创建和实践,本次需要完成整栋专家楼的建模,要求运用之前所学创建二、三、四层楼层。

10.1.1 完成整栋建筑的建模

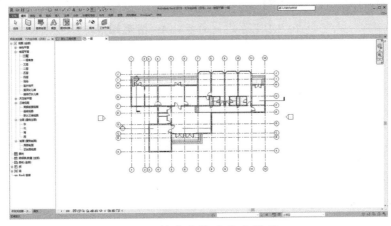

10.1.2 创建建筑的各个楼层

10.2 延展作业训练

在完成整栋建筑建模的基础上完成延展作业训练,完善各楼层、各图元细节。

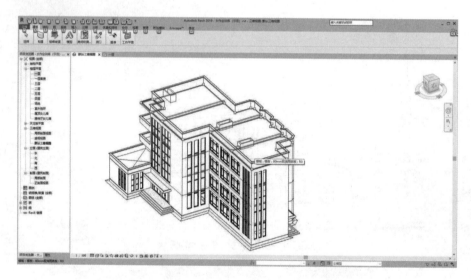

10.2.1 完善建筑的各楼层、图元细节

第十一章

创建坡屋顶

本章简介

　　本章介绍了坡屋顶的创建方法,可以使用"迹线屋顶""坡度工具""拉伸屋顶"工具进行创建和编辑,讲解了常用修改操作"连接/取消屋顶连接"的特性。在实践训练中要求运用以上几种方法为建筑创建屋顶,并尝试使用面屋顶、屋檐底板、封檐板以及檐槽工具。

11.1　绘制屋顶：迹线屋顶

点击屋顶工具，软件默认的是迹线屋顶，与楼板工具一样，点击后会进入预编辑状态，编辑的方式也与楼板工具类似。

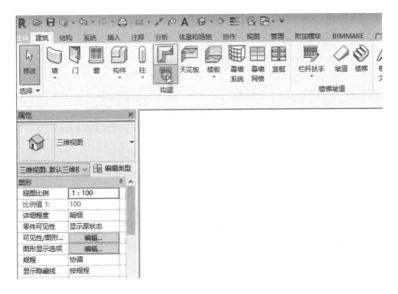

图 11.1.1

点选"迹线屋顶"选项后，进入预编辑状态，默认绘制方式为"拾取墙"，此时工具属性中的"定义坡度"默认为勾选状态，悬挑值则是屋顶外挑的距离，延伸至墙中，选项处于未选状态，主要用于控制屋顶延伸至墙的形式，这些选项可根据我们的需要自行设置。

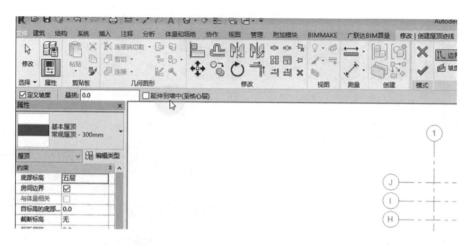

图 11.1.2

屋顶的形式也可以像楼板和墙那样,通过"编辑类型"进行编辑,同时迹线屋顶的坡度也可以在角度值中自行设置。

实际操作中除了在预编辑状态中操作外,我们也可以在点击选中屋顶后的修改命令中,通过点选编辑迹线进入迹线编辑模式对齐进行包括定义坡度、悬挑值以及拾取墙体修剪等操作。

但当我们设置了某一边的坡度值后,屋檐也会随之变化,这时我们应配合"对齐屋檐"工具来调整迹线屋顶形式。

11.2　利用坡度工具创建屋顶

　　迹线屋顶的操作选项中,还给我们提供了"坡度箭头"预编辑状态,我们可以通过选中所有绘制的编辑线后,勾选掉"属性"栏中的"定义屋顶坡度"来取消屋顶编辑线的所有默认坡度,之后配合"坡度箭头"工具来编辑我们需要的坡屋顶形式。

图 11.2.1

　　但要注意的是,这个工具有很大的局限性,对屋面角度、迹线高都有要求,对于方案设计过程中的选型推敲运用不是很理想。

11.3 拉伸屋顶工具

拉伸屋顶为我们制作拱顶等形式的屋顶提供了便利的手段。

制作拉伸屋顶首先是要选择好一个工作平面，如某个墙面。

当选择好工作平面后，我们就可以使用绘制的方式绘制出我们想要的任意屋顶形式。

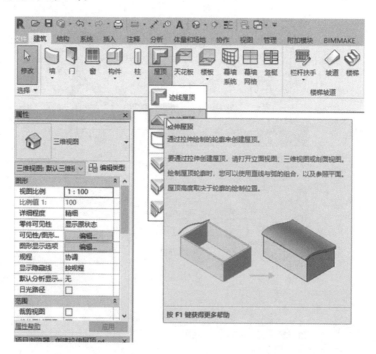

图 11.3.1

和迹线屋顶不同的是，迹线屋顶是在水平面基础上绘制的，而拉伸屋顶是在垂直面基础上绘制的。

11.4 常用修改操作：连接/取消屋顶连接

　　拉伸屋顶需要与别的屋顶形式连接时，点击"修改"菜单的"连接/取消屋顶连接"工具即可实现屋顶的连接。

　　但要注意的是，"连接几何体"工具不能对屋顶进行操作，屋顶族只能使用"连接屋顶"工具实现连接与取消连接。另外，"连接屋顶"工具并不能切割或剪切原屋顶，只能通过其他工具进行切割或剪切操作。

11.5 实践训练

- 为建筑创建迹线屋顶,并连接墙体。

- 利用坡度箭头为建筑创建屋顶。

- 为建筑创建连续坡屋顶形式,并链接屋顶。

- 实践面屋顶、屋檐底板、封檐板以及檐槽工具。

第十二章

洞口

本章简介

　　本章介绍了五种创建洞口的工具,如按面、竖井、墙、垂直、老虎窗,重点讲解了竖井和老虎窗工具,介绍了如何运用修改属性的方式建立竖井,如何用"连接屋顶"工具将老虎窗屋顶和大屋顶连接以实现建立老虎窗。在实践训练中要求使用"竖井"工具创建楼梯间,使用"老虎窗"工具创建屋顶老虎窗。

洞口

Revit 为我们提供了 5 种洞口工具，基本能满足我们需要的所有为建筑开设洞口的操作。

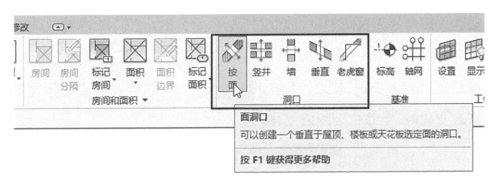

图 12.1.1

洞口工具可以在建筑菜单下被找到，按面、墙以及垂直这三个工具的操作相对一致，首先选中需要编辑的面，然后在这个面上进行创建。

12.2 竖井

点击竖井工具后,会弹出对话框提示我们可供选择的工作面,我们可以发现,其中没有立面和剖面视图的存在,这是因为竖井工具不能在立面和剖面视图中进行修改。

我们可以采用绘制或者拾取的方式创建竖井。但要注意的是,应在创建后点击小锁,使之与周边形成锁定状态,这样在周边墙体发生修改变化时,竖井也会随之变化。

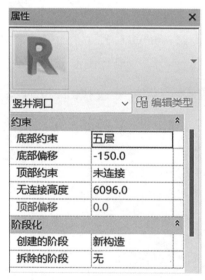

图 12.2.1

在属性面板中,我们可以修改竖井的延伸属性,如底部约束和顶部约束条件或者偏移条件等。点击"确认"按钮,则创建竖井完成。

12.3 老虎窗

老虎窗的创建相对比较复杂,首先我们应创建出老虎窗必需的大屋顶、老虎窗屋顶以及围合老虎窗的三面墙体。

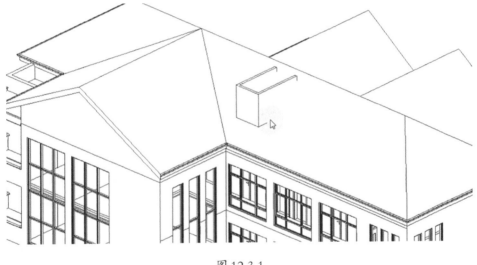

图 12.3.1

首先我们应使用修改工具中的"连接屋顶"工具,选中老虎窗需要连接的边以及选中大屋顶需要连接的面,将老虎窗屋顶和大屋顶进行连接。

其次选中需要连接的墙,使用附着工具,首先在工具属性中的"附着墙"选项栏中点选顶部,之后选中老虎窗,将其顶部附着到老虎窗屋顶;再在工具属性中的"附着墙"选项栏中点选底部,之后选中大屋顶,将其底部附着到大屋顶上;至此开老虎窗之前的准备工作和条件就完成了。

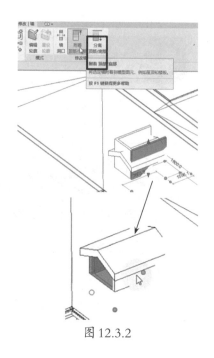

点击老虎窗工具选中大屋顶面,此时界面进入预编辑状态,首先选中需要匹配的老虎窗屋顶,选中需要匹配的墙

图 12.3.2

体并根据实际情况切换选择为内边,修剪多余的边线,点选"确定"按钮,完成老虎窗创建。

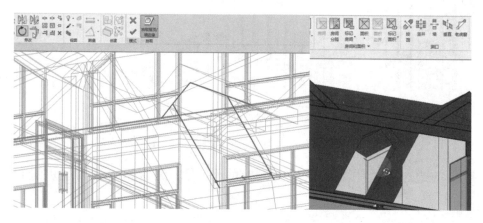

图 12.3.3

12.4 实践训练

- 实践按面、墙面与垂直三种洞口工具的操作。

- 尝试使用"竖井"工具创建楼梯间。

- 尝试使用"老虎窗"工具创建屋顶老虎窗。

第十三章

楼梯与坡道

本章简介

　　本章介绍了如何以自动创建及绘制楼梯迹线的方式来创建楼梯，详细讲解了楼梯的编辑功能，如楼梯的宽度、对齐等；介绍了如何用直接拾取及绘制的方式创建阳台栏杆扶手等，讲解了修改属性可以设置栏杆扶手的位置及转角形式；同时也介绍了创建坡道和电梯的方式。通过实践训练巩固创建副楼梯、主楼梯、电梯井、室外无障碍坡道的方法。

13.1　楼梯

　　在建筑项目栏中点击楼梯工具即可通过迹线的方式创建楼梯,通常我们会在楼梯的"编辑类型"中编辑好楼梯的踢面高度、踏面深度以及各种属性、材质等信息后,采用自动创建的方式创建楼梯,之后再进行相应的编辑修改:如楼梯的宽度、对齐等。软件还会通过灰色的小字体提示我们在创建楼梯时剩余台阶数。

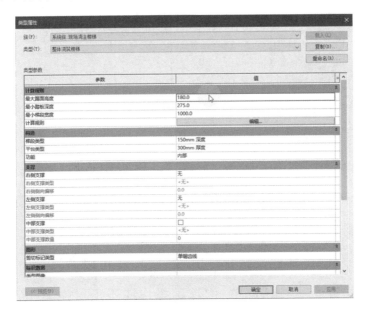

图 13.1.1

　　进入预编辑状态后,可以通过绘制楼梯迹线的方式绘制创建楼梯,工具属性中为我们提供了定位于"中心"或者"左右"绘制的选项,以及偏移和设定梯段实际宽度的选项,勾选"自动平台"会为我们根据设定的梯段宽度自动创建楼梯中间平台。另外,在绘制好楼梯后,还可以通过拖动任意段楼梯的小箭头,实现梯段的调整,通过点击工具栏上的"翻转"调整楼梯上下行方式。

图 13.1.2

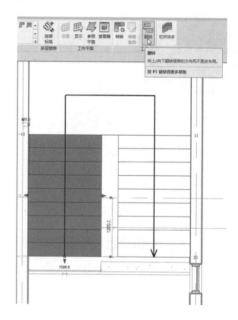

图 13.1.3

这里有两点要提醒读者注意,首先当我们创建调整好一层的楼梯后,我们可以使用"链接标高"工具自动逐级生成层高条件一致的楼层,但这个工具经常会出现问题,因此,目前我们通常会在楼梯完全编辑好不需要再修改之后再使用该工具,或者使用上一节所介绍的"复制粘贴"方式创建其他层楼梯。其次,我们还可以通过点击"转换"实现对具体梯段的"绘制"调整,但这种操作属于不可逆操作,点击后会出现弹窗,提示我们进入"不可逆"的自定义模式,操作者应根据实际需要选择运用。

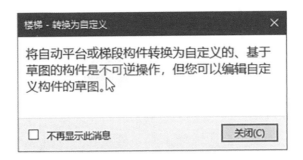

图 13.1.4

此外，在 Revit2016 之前的版本，楼梯的创建主要以绘制方式创建，我们现在使用的 2020 版本也保留了绘制创建的方式。我们可以运用自动创建楼梯后转换为"自定义"模式再编辑的方式，或者用直接绘制的方式创建楼梯，以满足我们对特殊形式楼梯创建的需求。

13.2　栏杆

栏杆扶手可以在创建楼梯、坡道时自动生成，单独使用栏杆扶手工具时，我们还可以使用绘制以及直接拾取的方式创建包括阳台栏杆扶手这类形式。

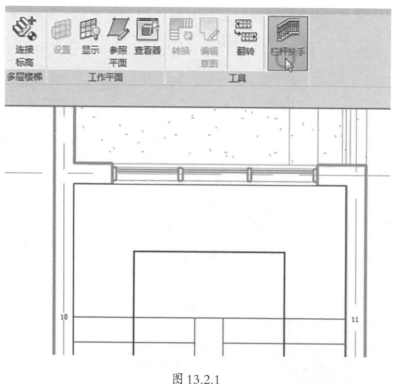

图 13.2.1

编辑楼梯时的"栏杆扶手"选项可以让我们直接通过菜单选择相应的"栏杆扶手族"，但"栏杆扶手"是一个独立的"族"，因此自动生成的往往不能满足我们的需求,保持默认的"栏杆扶手"形式,点选"完成编辑"后也会出现"不能正常连接"的报错警告。因此,我们通常会采用"楼梯"与"栏杆扶手"分开编辑的方式,解决我们的需求。

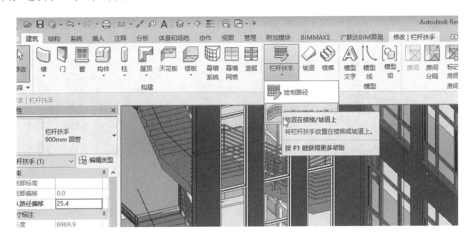

图 13.2.2

点击建筑菜单下的"栏杆扶手"下拉菜单,包括"绘制路径"和"放置在楼梯/坡道上"两个选项,选择后者点选我们要放置栏杆扶手的对象,和编辑楼梯预编辑状态中的"栏杆扶手"一样,Revit 会自动为我们创建好一组栏杆扶手。

我们这里要重点讲解的是通过绘制的方式创建栏杆:点选"绘制路径"后进入预编辑状态,工具属性中的"偏移"可以设置栏杆扶手对于主体的位置,半径则可以绘制出带有半圆弧的栏杆转角形式。绘制好栏杆扶手的路径后,点选"完成"按钮后栏杆扶手就会根据我们绘制的路径被创建好。但这里要注意的是,可能软件开发原因,如采用绘制选项中的"拾取线"方式,经常会导致软件崩溃,所以也可采用直接绘制的方式。

此时创建好的栏杆扶手是对应"标高"的,这一点我们可以在类型属性中查看到或者进行编辑。如果我们需要的是对应某个主体的栏杆扶手,我们可以在选中后,再修改菜单上的"拾取新主体"进行调整。

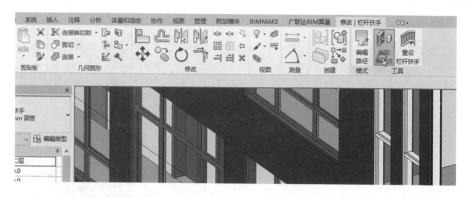

图13.2.3

拾取主题后,有可能还会弹出"无法连接的"警告框,我们通常有三种方式解决:一是前面提到的关于"栏杆扶手族"自定义的方式,这个属于"Revit族项目创建"方面的知识,这里我们不展开讲解;第二种我们可以通过返回"编辑路径",通过路径编辑的方式进行修改,同时,配合Tab键只选中顶部扶手,在"类型属性"中,通过编辑"延伸/起始"和"延伸/结束",或者直接使用修改菜单上的"编辑扶栏"通过绘制的方式进行修改;第三种则是通过"编辑类型"来定义,点开栏杆扶手的编辑类型对话框后,"构造"栏中的"扶栏结构(非连续)"中可以对栏杆扶手中的水平元素"扶栏(扶手)"进行定义,而"栏杆位置"则主要用于定义栏杆扶手中的垂直元素,如栏杆、嵌板等,"支柱"列表可以定义栏杆扶手组起始、结束以及遇到转角时的样式。这些元素,都可以通过外部载入的形式,帮助编辑出我们需要的任意"栏杆扶手"形式。

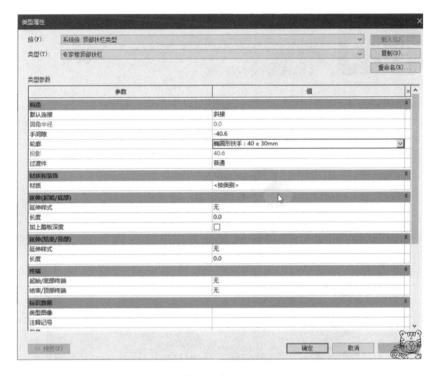

图 13.2.4

"顶部扶栏"项中,不但定义了"顶部扶手"的形式,而且还是整组栏杆扶手的顶高参照对象,我们同样可以从外部载入后进行编辑使用。

13.3　坡道

坡道的应用和楼梯工具类似,我们不但可以在属性中设置坡道起点、终点标高,还可以设置坡道的角度,并且坡道工具会像楼梯工具那样自动生成中间平台和扶手栏杆,常被用于无障碍设计中。

图 13.3.1

图 13.3.2

在结合竖井的实践练习中,竖井会切割楼板、天花板等平面构件,对诸如墙柱之类的垂直构建不会产生作用,因此在实际工作中我们一般会采用修改楼板的方式创建楼梯井,这样能确保后期算量等操作的准确性,竖井工具则常被用于管道井等构件的操作中。

图 13.3.3

另外,由于电梯属于机电专业设计,所以通常我们只会留出电梯位置,具体的机电设计会留给机电专业落实,因此各位在门族中并不会找到电梯门的类型,而电梯和电梯门的载入,Revit 放在了机电部分的功能中,实际设计中也不是像门窗那样直接载入,而是通过放置构件的方式载入。

13.4 实践训练

- 创建副楼梯。

- 创建主楼梯,并利用竖井工具完善电梯井。

- 创建室外无障碍坡道。

第十四章

放置构件

本章简介

　　本章主要讲授如何放置构件,在Revit的"建筑"选项卡中点击"构件",即可通过右侧的"载入"加载外部的"构件",实现应用或者替换某个构件的目的。构件具有数据化的特点,可以在相应的族库里下载相应的构件,如电气、给排水、浴缸、马桶等。本章的实践训练是载入外部模型族库,完成专家楼各楼层的构件布置。

14.1　放置家具与构件

　　以家具的放置为例,我们在BIM的正向设计前期的方案中,往往会布置好各个功能区的用途,达到方便与甲方沟通理解的目的,在Revit的"建筑"选项卡中我们只要点击"构件",即可通过右侧的"载入"加载外部的"构件",实现应用或者替换某个构件的目的。

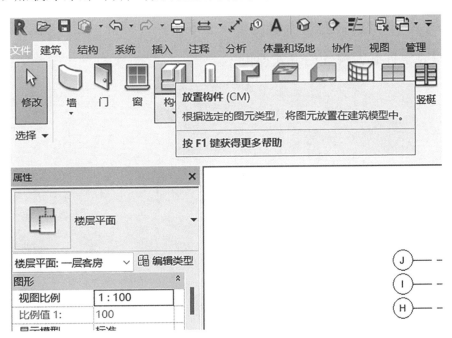

图 14.1.1

　　放置的图元有的涉及电气、给排水,因此我们应在相应专业的族库中进行查找,例如:卫生间的浴缸、马桶这些就涉及机电专业。另外,在载入外部构件或下载的构件时一定要注意备份,因为如果网络下载的构件有问题,很可能导致整个项目文件的崩溃。

放置构件是BIM重要的概念,我们不用像以前那样,每件东西要都自己画,实际上很多构件都可以从网络上免费下载,而且BIM下载的族和其他软件下载的模型构件有很大区别。BIM最显著的特点是数据化,模型除了本身具有的尺寸等信息外,还具有包括开发者、规格甚至是厂家价格等信息,能够方便我们后期算量以及在实际生产中对接供应商等。

关于构件和族的概念,如同PhotoShop通道一样,是BIM的核心知识,是支撑BIM技术的关键构成,在没有掌握Revit基本操作前开始讲解,并不利于读者理解,所以这里我们不作深入讲解。在本阶段学习中只要掌握载入构件的方式即可。

14.2 实践训练

· 载入外部模型族,完成专家楼各层的布置。

第十五章

视觉调整设置

本章简介

本章介绍了视觉调整设置的一些具体功能，这些功能可以极大提高工作效率。通过"复制视图"快速创建该平面"家具布置"或"电气布置"的平面图；通过"视图样板设置"将视图样板应用到高楼层建筑的每个视图；通过"替换视图中的图形"来观察和避免图形的互相干扰；通过"对象样式"设置项目样板等。最后通过实践训练进一步巩固图形可见性、视图样式、替换视图中的图形、对象形式的操作。

15.1　图形可见性设置

在我们的制图工作中,各类图承担着不同的责任,如建筑总平图,它的作用是反映建筑物与周边的关系。平面图的作用是反映某一独立平面的空间构成关系,因此总平图上除了应表现建筑物以外,与之相关的道路交通、地面铺装、园林绿化以及配套设施都应该表现出来,平面图也是同样

图 15.1.1

的原理。但是在实际工作中,不免会出现内容太多分不清重点的问题,于是设计师们这个时候就会把某部分内容独立出来表达,如绿化总平图、交通总平图以及布置平面图、电器平面图等。

Revit 也为我们提供了此类操作,如在某个平面图完成后,里面包括了墙体、门窗、家具布置、电气布置以及标示标注等,这个时候我们就可通过右键的"复制视图"选择"带细节复制"或者只"复制"图元而不带细节的方式,快速创建一个该平面"家具布置"或者"电气布置"平面图。

之后再配合使用"视图"菜单下的"图形可见性"(快捷键:V+G)实现图形的可见性设置,达到创建某一单独"家具布置"或者"电气布置"图的目的。

15.2 视图样板设置

事实上,对图形可见性设置我们不用将每个视图都设置一遍,可以通过创建"视图样板"的方式,将设置好的视图样板应用到每个视图中,这在我们对"高层建筑"进行图形可见性设置时非常有用。

图 15.1.2

选择样板视图,在"视图"菜单"视图样板"下拉菜单中,选择"从当前视图创建样板",会弹出一个命名对话框,我们只要给这个视图样板进行命名,系统会自动补充该视图中所有相关设置,点击确定后"视图样板"就创建好了。

在需要使用创建好的视图样板时,我们可以在目标视图的属性对话框中,下拉找到"视图样板"选项选择,也可以直接点击视图菜单的"视图样板"下拉选择"将样板属性应用于当前视图"实现视图样板的复用。

15.3　替换视图中的图形

　　为了方便观察和避免图形间相互干扰,我们还可以通过"替换视图中的图形"来控制图形的显示,选中需要改变的图形,点击"小毛笔"图标,会有三个选项,点选"按类别"之后会弹出"视图专有类别图形"对话框,我们可以在这里调整图形的"可见""半色调"等选项,调整确定后,该类别的图形会随之一起变化。

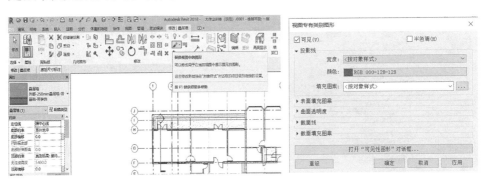

图 15.3.1　　　　　　　　　　　　　　　　图 15.3.2

15.4　对象样式

在实际应用中,各个地区、专业或者公司,都会制订一套符合自身技术特点的制图规范样式,Revit也为我们提供了全局性的这种设置,我们可以将这些设置好后保存为"项目样板",方便我们之后的运用。

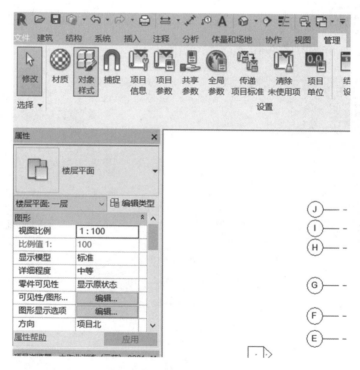

图 15.4.1

这种全局性的设置可以在"管理"菜单的"对象样式"中进行，里面包括了我们常用的"线宽""线型"以及"颜色"等技术规范的常用设置。

这里有个概念容易混淆，那就是标高、轴网属于基准图元，因此其线型、颜色等应在编辑类型中进行设置。

15.5 实践训练

- 实践图形可见性。

- 实践视图样式。

- 实践替换视图中的图形。

- 实践对象形式。

第十六章

添加房间与创建房间列表

本章简介

　　本章讲解了如何通过"房间工具"创建房间,通过房间属性"编辑类型"则可以标注房间的各类信息。通过房间分隔工具实现房间的增加或减少;通过"添加与编辑修改明细表"可以对房间及图元进行标注,实现建筑参数信息化;最后通过实践训练为专家楼添加房间及创建明细表。

16.1 添加房间

　　房间工具为我们计算面积等提供了一种方便的方式，而且"房间"的添加还与后期的算量有联系，是BIM重要的应用概念。我们只需要点击建筑菜单下的房间工具即可添加房间。

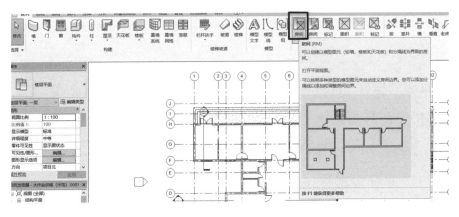

图 16.1.1

　　房间的编号和名称会自动随之生成，我们可以双击后根据实际需要进行编辑，也可以在属性面板中进行编辑。

　　通常在方案的出图过程中，我们还会给设

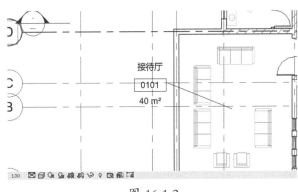

图 16.1.2

计项目的各个房间标注出面积,以方便与甲方的沟通。 Revit默认的"自动放置房间"只显示房间编号和名称,通过房间属性"编辑类型"则可以实现面积的自动显示。另外,为了保持图面的整洁,我们还可以通过添加引线的方式将房间的标注信息标注到房间外部的任意位置。

房间工具和墙以及楼板等封闭空间有关,因此房间工具只能对闭合的空间自动识别,开放的空间则需要我们使用"房间分隔"后才能自动识别。"房间分割"工具有多种绘制模式供我们选择,且不要求必须是封闭的范围,绘制好并退出后再使用"房间"工具即可。

图 16.1.3

而遇到壁橱、隔间这样的不单独计算的空间时,我们只要选中相邻的墙,在其"编辑类型"中将"房间边界"勾选掉,再使用"房间"工具,即可实现将该空间纳入到主空间的目的。

上面两种操作好比"加选和减选",基本满足了我们对房间空间的计划需求,但要注意的是"房间"工具和"标高"也有联系,我们选中某个房间后切换到该房间的剖面视图后不难发现,"房间"其实是一个具有高度的空间概念,因此我们应选择相应的视图进行"房间"的相关操作。

添加与编辑修改明细表

和甲方在项目沟通过程中,除了图面上的表述外,还需要借助文本表格的支撑,明细表就是典型的文字表格支撑材料,视图选项栏中的"明细表"工具为我们提供了生成这类支撑资料的途径。

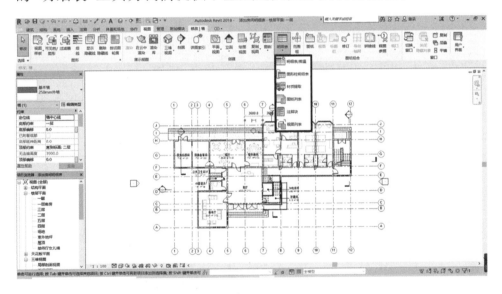

图 16.2.1

选择"明细表/数量"会弹出对话框,让我们选择生成明细表的类型。以房间明细表为例,找到"房间"点击确定后,添加相应的字段,即可生成带有统计数据的"房间明细表";也可以在"项目浏览器"的"明细表"栏右击选择"新建明细表/数量"生成明细表。

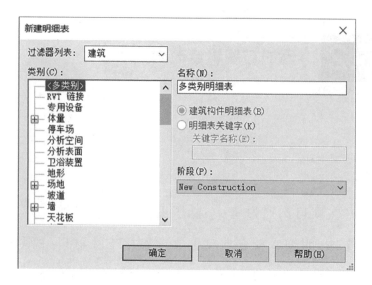

图 16.2.2

明细表、标记和图元是相互联系的,因此我们不但可以建立图元生成明细表,也可以先建立明细表,再给图元赋值。

在明细表的属性中,我们还可以对图元项目进行修改完善,并且进行排序、添加字段等操作。

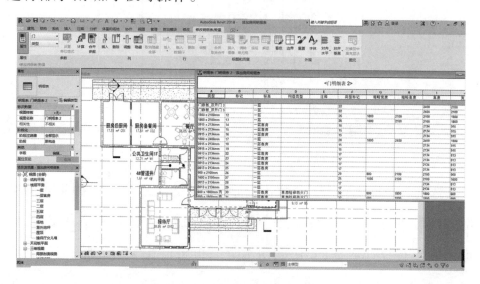

图 16.2.3

16.3 实践训练

- 为专家楼添加房间。
- 为专家楼房间创建明细表。

第十七章

创建专用图元

本章简介

　　主体图元、明细表、标记这三者关系紧密，本章讲授了如何通过添加标记、添加尺寸标注与文字标注、添加符号、创建图例与注释、创建详图索引等方式对图元进行标注，用来反映图元在项目中的具体信息，各类信息的添加为后期算量、出图、统计奠定了信息数据基础。

17.1 添加标记

在 Revit 中,主体图元、明细表、标记这三者是联系在一起的,标注标记用来反映图元在项目中索引或者注解,明细表则反映了图元的具体信息,因此"标记"的添加也直接与后期算量、出图与统计有关。

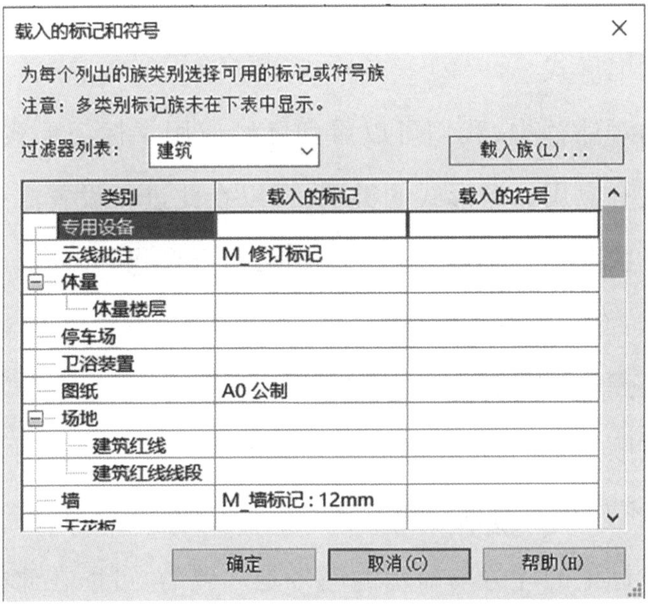

![载入的标记和符号对话框]

图 17.1.1

在"注释"菜单下选择"按类别标记",也可以在快速访问栏中找到"按类别标记"按钮,进入标记状态。

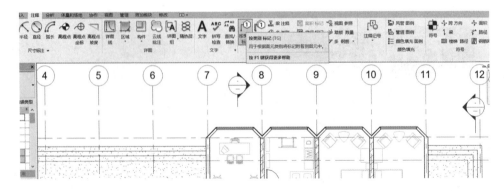

图 17.1.2

当鼠标移动到不同图元时,图元附近会根据不同类别出现一个标记,这些标记的形式一般为默认形式,如墙菱形标记、窗六边形标记等。当然我们也可以通过点击"工具属性"中的"标记",来载入设置我们需要的标记形式。

弹出的对话框中,我们可以看到已经应用了标记形式的类别,而空白的是没有应用标记形式的类别,可以在此进行设置。我们也可以在标记编辑状态下直接点击某一未定义标记形式的图元,此时会弹出对话框提示:你是否要设置标记。

当给图元添加标记,比如给"门"添加标记时,我们会发现标记的序号不是按顺序来的,这是因为事实上这个序号在创建图元时就已经产生了,并不是在此时标记时才产生。点击该图元,我们会发现该图元的属性中标记的序号与显示的序号是一致的,可以在此根据需要进行编辑调整。

更快捷的还有"全部标记"功能,点击后会弹出对话框,让我们选择要全部标记的类别。

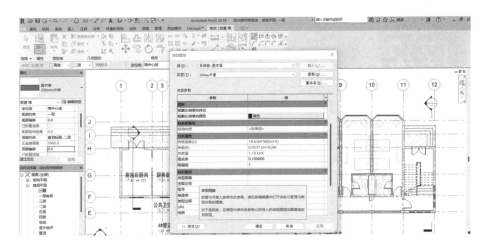

图 17.1.3

在标记某些类别时,标记中并没有序号的显示,如"墙"类别,此时我们可以点选墙的"编辑类型",在"类别标记"中设置,此时相关的同类标记就会根据我们的设置显示在图中。

17.2 添加尺寸标注与文字标注

尺寸标注不但可以对点进行标注,并且还可以连续标注。通过编辑类,可以对其颜色或者标头的形式进行设计。尺寸标注工具可以在工具属性当中对包括带有洞口的墙体一次性自动标注。在属性菜单当中,我们还可以对标注的捕捉点进行设置。

图 17.2.1

17.3 添加符号

在实际的建筑设计中,我们还有很多符号用于对图纸的诠释。Revit 中除了自带的常用符号以外,我们还可以载入外部符号族或者自定义编辑好的符号族。

在"注释"工具栏中我们可以找到"符号"工具,点击即可实现 Revit 自带的符号添加和外部符号族的添加。

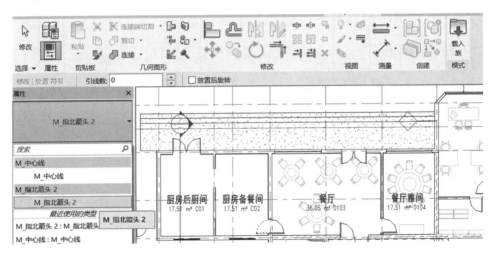

图 17.3.1

17.4 创建图例与注释

图例是项目中常见的项目说明形式，如门窗图例。在 Revit 中我们可以把任何一个族用图例的形式展示到项目中，而不必像传统方式那样单独绘制。你可以使用平面或者立面等任何形式，也可以对其比例进行调整，而且插入图例只会用于展示，不会被统计。

在"视图"菜单下可以找到"图例"的创建，或者找到项目浏览器中的"图例"项，右击就可以创建一个新的"图例"视图。命名后，点选"注释"菜单下"构件"项目中的"图例构件"，即可添加图例。这些图例可以在工具属性的"族"下拉菜单中被找到，我们可以选择"平""立"等任何形式添加到视图中，同时还可以对其进行尺寸标注、注释等。

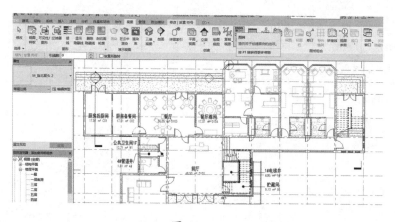

图 17.4.1

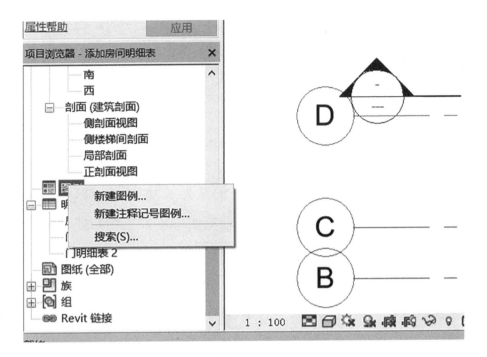

图 17.4.2

17.5 创建详图索引

事实上,建筑或者园林制图的目的是为了"说清楚问题",因此我们除了要会使用平立剖图、透视图、轴测图等不同绘图形式说明一个设计外,还要会借助局部的详图来参与说明设计。但请注意,一个项目的设计过程是不同专业合作的结果,也是一个设计从初步构想到逐步完善的过程。因此在实际工作中,我们往往只需要重点关注自己专业内的工作,如设计师的工作是"创造",是"从无到有",而结构工程师的工作则是具体思考通过什么形式"落实这些创造"。所以,初步的项目设计方案阶段"详图"并不是要详细到一颗螺栓一片垫片的程度,而是"说清楚问题",如"雨挑板需要放坡组织排水",至于怎么排水,用什么材料这些问题应交由给排水工程师完善。

创建详图很简单,只要在"视图"菜单下选择"详图索引"工具,在需要制作详图的部分绘制出详图框即可。同时可配合使用属性栏中的"远裁剪"属性调整视图。

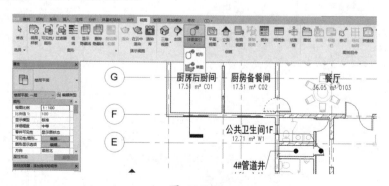

图 17.5.1

第十八章

添加图纸与输出

本章简介

　　本章介绍了创建图纸的路径方法,讲解了图纸中编号、名称、日期等全局图元的设置方式,讲解了如何导出立剖图、三维视图、明细表和图例的 CAD 图纸。实践训练要求为专家楼各楼层平面、立面、剖面以及明细表、图例创建图纸并导出 DWG 格式图纸。

18.1　创建图纸

　　一般在项目方案中,比较专业的做法是将各图以图纸的形式打印出来,创建图纸可以在"项目浏览器"的"图纸"项上右击"创建"菜单项,也可以点击"视图"菜单下的"图纸"工具创建图纸。

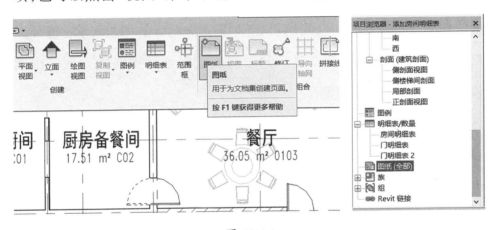

图 18.1.1

　　在实际工作中,为规范图纸,便于协同,一些公司会有自己的图纸规范。换句话说,就是在还没有完成项目之前,图纸的形式就已经具备了,此时我们还可以通过列表功能创建"占位符图纸"。操作也很简单,在"视图"菜单的"明细表"中先创建一个"图纸列表"添加相应字段即可。此时我们并不会在"项目浏览器"的"图纸选项中"看到任何图纸,只有你需要创建时,点击"图纸"按钮才会被一次性创建。

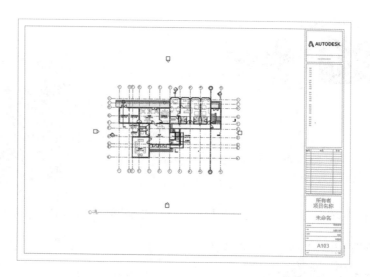

图 18.1.2

　　在弹出的对话框中,我们可以选择系统默认的图纸类型,也可以点击载入外部图纸类型。之后只要将我们需要的视图拖入图纸中调整好位置,图纸就创建好了。

　　图纸中的编号、名称、日期等全局图元,都可以设置,并且随着设置而变化。当我们把相应的剖面图图纸创建好后,你会发现索引编号也会随之生成。

　　我们不但可以在图纸中创建平立剖图,三维视图和明细表、图例等都可以在创建后用于输出打印。

18.2　导出CAD文件

　　Revit虽然是一种应用于建筑相关行业的新技术,但目前实际生产中依然有大量一线工程人员在使用传统的CAD形式,因此掌握将Revit数字模型输出成目前较为通用的DWG格式是非常重要的技能。

　　点击"文件"菜单的"导出"→"CAD格式"选项,我们可以找到DWG格式导出方式,点击后在弹出的对话框中为我们提供了"当前……"单项或者"任务中……"两种导出形式,我们可以借助下拉菜单的选项,选择导出相应的全部视图或者单张视图。

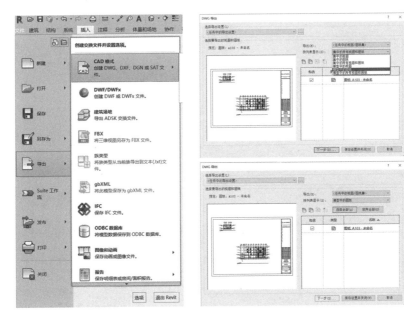

图 18.2.1

点击"任务中的导出设置"还可以让我们自由地设置导出的层、线性、填充图案等选项。

点击"下一步"选择"另存路径"后，即可将我们建好的模型导出为传统的CAD二维线形式，兼容实际生产需求。

18.3 实践训练

- 为专家楼各楼层平面、立面、剖面以及明细表、图例创建图纸。

- 为专家楼项目创建"占位符图纸"。

- 为专家楼各楼层平面、立面、剖面以及明细表、图例导出DWG格式图纸。

结 语

　　行文至此我们可以说已经基本掌握了 Revit 的常用功能,但是事实上 Revit 和 BIM 的应用还远不于此。首先 Revit 不仅能用于建筑专业工作中,还可以被应用于规划、园林和环艺等其他建筑相关领域。不仅能用于图纸翻模,还可以用于项目的正向设计和施工管理领域。另一方面,在本教程开始的时候就我们就讲过,BIM 与传统的 3D 建模不同,BIM 是真正意义上的数字模型,既然是数字模型,就能与包括结构专业、机电专业等各个专业共享协同,并且涵盖项目的方案、制图、施工与使用维护的全阶段。换句话说就是,不同专业使用同一个数据模型,来共同完善、落实甚至是后期维护整个建设项目,这是 BIM 技术的一个重要构成;另一方面,精确的数字模型还为 VR 与 AR 在建筑相关领域的应用,甚至是人工智能创造了基础条件,这也是未来建筑信息化发展的必然趋势。

　　以上这些知识,一方面必须以熟练掌握 Revit 基本操作为基础才能深入研究;另一方面,这些知识不但涉及规划、园林和环艺这些建筑相关专业基础知识,还涉及计算机编程、网络技术等非建筑相关知识,因此不可能在本书中展开讲解,不过我们会在后续教程中和大家一起深入研究 BIM 的高级应用。